全本全注全译丛书

中华经典名著

张 景 张松辉◎译注

孝经 经
忠经 经

中华书局

图书在版编目（CIP）数据

孝经　忠经/张景，张松辉译注. —北京：中华书局，2022.11
（2025.2 重印）
（中华经典名著全本全注全译丛书）
ISBN 978-7-101-15963-9

Ⅰ.孝… Ⅱ.①张…②张… Ⅲ.①《孝经》-译文②《孝经》
-注释③《忠经》-译文④《忠经》-注释 Ⅳ.B823.1

中国版本图书馆 CIP 数据核字（2022）第 199799 号

书　　名　孝　经　忠　经
译 注 者　张　景　张松辉
丛 书 名　中华经典名著全本全注全译丛书
责任编辑　舒　琴　刘树林
装帧设计　毛　淳
责任印制　韩馨雨
出版发行　中华书局
　　　　　（北京市丰台区太平桥西里 38 号　100073）
　　　　　http://www.zhbc.com.cn
　　　　　E-mail：zhbc@zhbc.com.cn
印　　刷　北京盛通印刷股份有限公司
版　　次　2022 年 11 月第 1 版
　　　　　2025 年 2 月第 3 次印刷
规　　格　开本/880×1230 毫米　1/32
　　　　　印张 7⅞　字数 180 千字
印　　数　14001-18000 册
国际书号　ISBN 978-7-101-15963-9
定　　价　24.00 元

目录

孝经

前言 ……………………………………………………… 3

序 ……………………………………… 李隆基　15

开宗明义章第一 ………………………………… 27

天子章第二 ………………………………………… 36

诸侯章第三 ………………………………………… 44

卿大夫章第四 ……………………………………… 50

士章第五 …………………………………………… 55

庶人章第六 ………………………………………… 58

三才章第七 ………………………………………… 62

孝治章第八 ………………………………………… 68

圣治章第九 ………………………………………… 73

纪孝行章第十 ……………………………………… 81

五刑章第十一 ……………………………………… 87

广要道章第十二 …………………………………… 92

广至德章第十三 …………………………………… 96

广扬名章第十四 …………………………………… 98

谏诤章第十五 ……………………………………… 103

感应章第十六 ……………………………………… 107

事君章第十七 ……………………………………… 111

丧亲章第十八……………………………119

忠经

前言……………………………………129
序……………………………………马融　141
天地神明章第一…………………………147
圣君章第二………………………………154
冢臣章第三………………………………158
百工章第四………………………………165
守宰章第五………………………………169
兆人章第六………………………………174
政理章第七………………………………177
武备章第八………………………………182
观风章第九………………………………188
保孝行章第十……………………………192
广为国章第十一…………………………197
广至理章第十二…………………………201
扬圣章第十三……………………………208
辨忠章第十四……………………………212
忠谏章第十五……………………………219
证应章第十六……………………………224
报国章第十七……………………………232
尽忠章第十八……………………………239

孝　经

前言

　　百善孝为先,是中华民族奉行了数千年的言行圭臬,孝道被视为一切美德的依据与源头。正是由于中华民族特别重视孝道,所以在两千多年之前的先秦时代,就有一本《孝经》问世。

一、《孝经》的作者与成书时间

　　《孝经》的作者与成书时间是两个联系密切的问题,只要弄清楚《孝经》的作者,自然也就可以确定成书的时间。

　　关于《孝经》的作者,学界可以说是聚讼纷纭,莫衷一是,主要观点有以下几种:

　　第一,认为作者是孔子。《汉书·艺文志》说:"《孝经》者,孔子为曾子陈孝道也。"这一说法是非常准确的,但《汉书》并没有说《孝经》就是孔子执笔写就的。后来有人依据这一说法,直接把《孝经》作者定为孔子。《孝经》全书的主要内容的确是孔子关于孝道的谈话内容,但执笔撰写者不可能是孔子本人,因为如果是孔子本人所撰写,他不可能在书中自称为"孔子",更不可能称自己的弟子曾参为"曾子"。比如关于《论语》成书过程,《汉书·艺文志》说:"《论语》者,孔子应答弟子、时人,及弟子相与言而接闻于夫子之语也。当时弟子各有所记。夫子既卒,门人相与辑而论纂,故谓之《论语》。"虽然《论语》记载的孔子言行较多,但执笔整理者不是孔子本人，所以就没有人把《论语》的作者署名为"孔子"。同样的道理，把《孝经》的作者直接视为孔子，似乎不是很恰当。

第二，认为作者是曾参。《史记·仲尼弟子列传》记载："曾参，南武城人，字子舆。少孔子四十六岁。孔子以为能通孝道，故授之业。作《孝经》。死于鲁。"我们没有理由完全否认《史记》的记载，《孝经》的写作肯定与曾参有关，但未必就是曾参亲自执笔，理由与上文所述一样，如果是曾参执笔，他不会自称"曾子"。

第三，认为作者为汉代儒生。清姚际恒《古今伪书考》说："按，是书来历出于汉儒，不惟非孔子作，并非周、秦之言也。"这一说法，实际就是认定《孝经》是一部托名伪作，然而纯属臆测。《汉书·艺文志》记载："凡《孝经》十一家，五十九篇。……汉兴，长孙氏、博士江翁、少府后仓、谏大夫翼奉、安昌侯张禹传之，各自名家。经文皆同，唯孔氏壁中古文为异。"《隋书·经籍志一》补充说："遭秦焚书，为河间人颜芝所藏。汉初，芝子贞出之，凡十八章，而长孙氏、博士江翁、少府后苍、谏议大夫翼奉、安昌侯张禹，皆名其学。又有《古文孝经》，与《古文尚书》同出，而长孙有《闺门》一章，其余经文，大较相似，篇简缺解，又有衍出三章，并前合为二十二章，孔安国为之传。"《孝经》的传承脉络非常清楚，而且在汉代就有十一家《孝经》，所传《孝经》大同小异，后来鲁恭王拆除孔子故宅时，在夹墙中又发现一部《古文孝经》，可以进一步证明《孝经》为先秦作品。王国维提出二重证据法，即运用地下之新材料与古文献记载相互印证。可以说，《孝经》已经通过了二重证据法。除了以上证据外，还有一个有力的证据，那就是《吕氏春秋·察微》已经引用了《孝经》："《孝经》曰：'高而不危，所以长守贵也，满而不溢，所以长守富也。富贵不离其身，然后能保其社稷，而和其民人。'"这就说明，在先秦作品《吕氏春秋》问世时，《孝经》已经流行于社会。

第四，认为出自孔子或曾子弟子之手。这种说法也是我们所认同的一种说法。清代任大椿《孝经本义·序》说："《孝经》一书，孔子为曾氏而作,而曾氏门人次而成之者也。"(《有竹居集》卷八)胡平生《孝经译注》也说:"《孝经》记载了孔子向曾参讲述孝道的言论,上古时没有后代那样的著作意识,讲述就是一种创作。孔子当然是《孝经》作者。但是,孔子最初的讲述可能是零散的,不系统的,比较口语化的,他的学生把这些言论记录下来,归纳整理,甚至还进行过文字上的润饰、加工。最初做这项工作的可能是曾参,后来是曾参的学生,因此,文中曾参也被称为'曾子'。从这个意义上说,孔子、曾子和他的学生(或学生的学生)都是《孝经》的作者。"这些观点我们基本认同,只是不必、目前也不可能把执笔者落实到具体的某位弟子。

简言之,我们认为《孝经》的内容是可信的,是孔子与曾子谈话的记录,执笔整理者是他们的弟子,其成书过程大约与《论语》相似。大致确定了《孝经》的作者,那么自然也就可以大致确定《孝经》的成书年代,也即成书于战国早期。当然我们也不否认,在《孝经》的流传过程中,后人对它有加工修改的可能性。

二、《孝经》的主要内容

顾名思义,《孝经》的主旨就是阐述"孝",全书围绕着孝道的至高无上地位、行孝的内容、移孝为忠、行孝的效应等问题展开讨论。

(一)论证孝道的至高无上性

关于孝道至高无上的地位,《孝经》从两个方面予以论证。

首先,《孝经》认为孝道是出于天地法则与人类天性:"夫孝,天之经也,地之义也,民之行也。"(《孝经·三才章》,以下引《孝经》仅注篇名)天地是古人最为崇拜的对象,把孝道上升到"天经地义"的高度去认识,这就为孝道的至高地位找到了带有宗教性质的依据。古人还认为,人的天性是由天地赋予的,既然孝道属于"天经地义",那么人的天性中自然也就包含着孝道,所以《圣治章》说:"父子之道,天性也。"这就为孝道的至高地位找到了哲学基础。

其次，《孝经》把孝视为一切美德的源头。应该说，这一观念是非常正确的。《大戴礼记·曾子大孝》说："身者，亲之遗体也。"我们做儿女的身体、生命，就是来自父母，因此爱父母是人们不学而能的"第一情感"，孟子说："人之所不学而能者，其良能也；所不虑而知者，其良知也。孩提之童，无不知爱其亲者；及其长也，无不知敬其兄也。亲亲，仁也；敬长，义也。"（《孟子·尽心上》）也就是说，孩童爱自己的父母，不是后天的一种理性认知，而是发自本性的、自然而然的一种先天情感。虽然这种说法还有一些值得商榷之处，但把爱父母视为人类的第一情感还是没有问题的。基于此，《孝经》就把孝道视为一切美德的根源："夫孝，德之本也，教之所由生也。"（《开宗明义章》）孝道是一切美德的根本，也是一切教化得以发生作用的根源。对此，我们极为赞成，孝道应该是所有人的道德底线，一个连生养自己的父母都不爱的人，其他一切皆无从谈起。

正是因为孝是人应具的基本品质，所以孝道成为上至君主，下至百姓必须遵守的行为规范，就连生性残刻寡恩的秦始皇也不敢违背。公元前238年，嫪毐作乱，事涉秦始皇之母，秦始皇极为愤怒，将其母迁出京城。大臣茅焦冒死进谏说："秦方以天下为事，而大王有迁母太后之名，恐诸侯闻之，由此倍秦也。"（《史记·秦始皇本纪》）秦始皇怕背上不孝的骂名，影响自己对诸侯的吞并，只得将其母又接回都城。统一中国后，秦始皇巡游各地，勒石颂功，其中也有不少宣扬孝道的文字，如《绎山刻石》说："廿有六年，上荐高庙，孝道显明。"

（二）阐述孝行的具体内容

在论证孝道的至高无上地位之后，《孝经》接着从不同角度阐述孝道的具体内容。

第一，分述不同社会阶层的行孝内容，这就是所谓的"五孝"。本书在"天子章第二"至"庶人章第六"这五章中，按照社会地位的尊卑次序，分别论述了天子、诸侯、卿大夫、士、百姓五种人应有的孝行，被合称为"五孝"。从总体来看，社会地位越高，其行孝的责任越大，行孝的内容越多。比如普通百姓行孝的内容主要是:"用天之道,分地之利,谨身节用,以养父母。此庶人之孝也。"(《庶人章》)百姓的孝行内容就是努力耕作以供养父母,责任较为单一。天子的孝行内容就很多:"爱亲者,不敢恶于人;敬亲者,不敢慢于人。爱敬尽于事亲,而德教加于百姓,刑于四海。盖天子之孝也。"(《天子章》)孔子认为,天子不仅要孝敬自己的父母,而且还要把这种孝敬之心推广到所有百姓的父母身上,以此给天下四夷做榜样。

第二,阐述了孝行的先后次序。《开宗明义章》说:"身体发肤,受之父母,不敢毁伤,孝之始也。立身行道,扬名于后世,以显父母,孝之终也。夫孝,始于事亲,中于事君,终于立身。"《孝经》认为,我们每个人的身体四肢、毛发皮肤,都是来自父母,因此不敢对它们有任何损毁伤害,这是尽孝的开始。能够在社会上遵循正道,建功立业,扬名于后世,从而使自己的父母荣耀显赫,这是尽孝的最终目标。所谓的孝道,最初是尽孝于父母,然后是尽忠于君主,最终是立身社会、建功立业。这一行孝次序的安排,成为后世孝子们行孝的规范性程序。

第三,讨论了一些行孝的具体细节。除了上面已经提到的一些孝行细节,如"身体发肤,受之父母,不敢毁伤,孝之始也"之外,这方面的其他内容还是很丰富的,主要有以下几点。

首先,尽心尽力地在物质、精神两个方面供养好自己的父母。《庶人章》说:"谨身节用,以养父母。"保障父母生活的物质所需,是最基本的孝行内容。所以孔子的许多弟子也很强调这一点,如子路说:"家贫亲老者,不择禄而仕。"(《说苑·建本》)为了供养自己的父母,无论俸禄多少都可以接受。当然仅仅物质供养父母是远远不够的,更重要的是"色养":"子夏问孝,子曰:'色难。有事,弟子服其劳;有酒食,先生馔,曾是以为孝乎?'"(《论语·为政》)子夏请教如何行孝,孔子说:"在父母面前保持和颜悦色是件难事。有了事情,年轻人去承担劳苦;有了酒食,年长者享用,这竟然就能够算是孝吗?"也就是说,儿女不仅要保证父母衣食无忧,更重要的是要让父母精神愉悦,这也即《纪孝行章》所强调的:"居则致其敬,养则致其乐。"

其次,不可不分是非地处处顺从父母。这一主张可以说是《孝经》的一个亮点。《谏诤章》记载:"曾子曰:'若夫慈爱、恭敬、安亲、扬名,则闻命矣。敢问子从父之令,可谓孝乎?'子曰:'是何言与!是何言与!昔者,天子有争臣七人,虽无道,不失其天下;诸侯有争臣五人,虽无道,不失其国;大夫有争臣三人,虽无道,不失其家;士有争友,则身不离于令名;父有争子,则身不陷于不义。故当不义,则子不可以不争于父,臣不可以不争于君,故当不义则争之。从父之令,又焉得为孝乎!'"孔子明确指出,做儿女的对父亲如果不分是非而处处依从,并非孝道的表现,而是要敢于劝谏,以免父亲陷于不仁不义。孔子还把这种劝谏精神扩展到臣下对待君主、朋友对待朋友的关系之中,这与后世鼓吹的"父让子死子不敢不死、君让臣亡臣不敢不亡"的愚忠愚孝观念大相径庭。

再次,孝子要做到光宗耀祖。从各个方面尽心尽力地供养父母,固然是孝行,但作为子女,还应该保证自身能够建功立业以光宗耀祖,《孝经》反复强调这一点。《开宗明义章》说:"立身行道,扬名于后世,以显父母,孝之终也。"《孝经》认为,只有做到光宗耀祖,才算最终完成做儿女的孝行。历史上许多名人志士,就是在《孝经》扬名显亲教导的激励下,使自己与父母一起名垂青史。

最后,孝子还要恰当地处理父母的后事。《孝经》的最后一章为《丧亲章》,主要阐述在父母去世之后,孝子所应遵循的礼法,如"哭不偯,礼无容,言不文,服美不安,闻乐不乐,食旨不甘"等等。除了慎重举办丧礼之外,《丧亲章》还要求子女"为之宗庙,以鬼享之;春秋祭祀,以时思之。生事爱敬,死事哀戚,生民之本尽矣,死生之义备矣,孝子之事亲终矣"。在父母去世之后,子女还要永远铭记父母之恩,祭祀他们,怀念他们。这也即《论语·学而》说的:"慎终,追远,民德归厚矣。"

《孝经》所论述的具体孝行内容要比上述我们总结出的内容丰富得

多，如《纪孝行章》说："孝子之事亲也，居则致其敬，养则致其乐，病则致其忧，丧则致其哀，祭则致其严，五者备矣，然后能事亲。事亲者，居上不骄，为下不乱，在丑不争。"这里不仅涉及对父母生前死后的孝行，甚至还扩展到了子女如何为人处世的问题。限于篇幅，我们就不再一一详述。

（三）移孝作忠

《孝经》不仅阐述了如何孝敬父母，而且进一步把对父母的孝敬扩展到对君主的忠诚，这实际上就是把属于个人的"孝"社会化了，赋予"孝"更多的社会功能。《士章》说："故以孝事君则忠，以敬事长则顺。忠顺不失，以事其上，然后能保其禄位，而守其祭祀。盖士之孝也。"要把对父母的孝敬之情转换为对君主的忠诚之心。《开宗明义章》也说："夫孝，始于事亲，中于事君，终于立身。"在履行孝道的"始""中""终"三个阶段里，后两个阶段实际上都属于忠君，因为要想"立身"，要想建功立业，光宗耀祖，离开君主的支持，一切皆无从谈起。这也是马融《忠经》为什么专列一章《保孝行》的原因所在："夫惟孝者，必贵于忠。忠苟不行……匪惟危身，辱及亲也。故君子行其孝，必先以忠；竭其忠，则福禄至矣；故得尽爱敬之心，以养其亲，施及于人。"作者认为，只有忠于君主，才能够获取俸禄福祉，有了俸禄福祉，才能够供养父母以尽孝道；如果不能忠于君主，不仅危及自身，而且还会连累到父母。于是"孝"与"忠"就构成了一个良性循环，孝敬父母，进一步忠于君主；忠于君主，就能够获取俸禄，建功立业，反过来就能够更好地孝敬父母。

《孝经》的由孝亲到忠君，再到立身的观念，实际上是用一个"孝"字把一个人的终生行为贯穿在了一起。这一思想观念，不仅具有道德层面的合理性与逻辑性，而且也极大地丰富了孝道的内容，从而使《孝经》能够受到从平民到君主等各个社会阶层的欢迎。

（四）描述了行孝的效应

孝道天经地义，发自人的天性，这是倡导孝行的理论依据，那么顺应天地、尊重天性、实行孝道的效应是什么？《孝经》从不同的角度给予了明确回答。

首先，人的行孝能够感动天地神灵，从而获得天人和谐。《感应章》说"天地明察，神明彰矣。……宗庙致敬，不忘亲也。……孝悌之至，通于神明，光于四海，无所不通。"如果人们能够普遍实行孝道，就会感动天地之神灵，从而得到神灵的福佑，那么人们无论做任何事情都会非常顺利。

其次，有利于社会安定祥和。《三才章》说："则天之明，因地之利，以顺天下。是以其教不肃而成，其政不严而治……而民和睦。"因为提倡孝道符合天地神灵的意志，顺应了民心，因此圣王在对民众进行教化时，不需要采用严厉的方法就能够获得成功；在对百姓进行行政管理时，不需要采取严酷的刑罚手段就能使国家安定太平，民众也因此能够和睦相处。

最后，孝子本人也能够得到福报。《孝经》认为，施行孝道不仅可以使天人关系融洽、社会安定祥和，而且也可以使孝子获取无量的福报。如果能够施行孝道，不仅可以得到神灵的护佑，还可以"行成于内，而名立于后世矣"（《广扬名章》），孝子就可以凭借自己的孝行而扬名于后世。这一思想对后世影响极大，历史上的许多传说，比如董永、姜诗妻、孟宗等等，他们都是依靠自己的孝行感动了天地神灵，不仅使自己圆满地完成了自己的孝道，而且留美名于后世。

三、《孝经》对后世的影响

《孝经》全书仅一千八百多字，语义浅显易懂，然而在中国两千多年的历史中，上至帝王将相，下至平民百姓，无不受到该书的影响。《汉书·韩延寿传》记载：

　　（韩）延寿尝出，临上车，骑吏一人后至，敕功曹议罚白。还至府门，门卒当车，愿有所言。延寿止车问之，卒曰："《孝经》曰：'资于事父以事君，而敬同，故母取其爱，而君取其敬，兼之者父也。'今旦明府早驾，久驻未出，骑吏父来至府门，不敢入。骑吏闻之，趋走出谒，适会明府登车。以敬父而见罚，得毋亏大化乎？"

　　韩延寿是西汉大臣，一次外出，一位骑吏（骑马侍从）因为接待来到府衙的父亲而迟到，韩延寿将要处罚这个骑吏。一位普通的守门士卒竟然能够熟练地运用《孝经》的内容去劝谏官长，使这位骑吏免除了处罚。由此可见《孝经》在古代的普及程度。至于那些能够登上高位的士人，对《孝经》就更为熟悉。《三国志·吴书·张昭传》记载：

　　（孙）权尝问卫尉严畯："宁念小时所闻书不？"畯因诵《孝经》"仲尼居"。（张）昭曰："严畯鄙生，臣请为陛下诵之。"乃诵"君子之事上"。咸以昭为知所诵。

　　这段记载说明，严畯从小就背诵《孝经》，而张昭同样能够背诵《孝经》，群臣"咸以昭为知所诵"，说明群臣对《孝经》同样熟悉。不仅一般的民众、官员从小熟读《孝经》，就连皇家子弟也是如此：

　　高宗天皇大圣大弘孝皇帝，讳治，太宗第九子也。母曰文德顺圣长孙皇后。……初授《孝经》于著作郎萧德言，太宗问曰："此书中何言为要？"对曰："夫孝，始于事亲，中于事君，终于立身。君子之事上，进思尽忠，退思补过，将顺其美，匡救其恶。"太宗大悦曰："行此，足以事父兄，为臣子矣。"（《旧唐书·高宗本纪上》）

　　文中说的"治"，就是唐高宗李治，可见唐高宗也是在《孝经》的熏陶中长大的。

　　《孝经》篇幅短小，通俗易懂，在古代被列为"小学"类启蒙读物，只要有读书的机会，无论百姓还是贵胄，都必须学习。

　　《孝经》作为启蒙读物的"小学"，并不意味着它的作用仅仅停留在"小学"层次，据《旧唐书·经籍志上》记载，截止唐代，保留下来的注解《孝经》的书籍达二十七部之多，其作者有著名的学者，如孔安国、郑玄、皇侃等；有帝王，如梁武帝、唐玄宗等。天宝三载（744），唐玄宗"诏天下民间家藏《孝经》一本"（《旧唐书·玄宗本纪下》），这实际就是把《孝经》视为治国之要典，全民之教材。

《孝治章》指出："昔者明王之以孝治天下也。"这一观念对后世政治影响极大，历代帝王无不标榜自己是以孝治天下。比如汉代，帝号前多加"孝"字，如汉文帝号"汉孝文帝"，汉武帝号"汉孝武帝"，其后的王朝无不如此，如晋惠帝号"晋孝惠帝"，唐高宗号"天皇大圣大弘孝皇帝"，明成祖号"……纯仁至孝文皇帝"等等。

既然天子要"以孝治天下"，那么"孝"自然会成为选拔官员的重要标准。西汉刚刚建立，就开始选拔"孝悌力田"之人了："初置孝弟力田二千石者一人。"（《汉书·高后纪》）汉武帝时，"初令郡国举孝廉各一人。"（《汉书·武帝纪》）从此，孝廉就成为许多王朝选拔官员的科目之一，再到后来，人们甚至干脆把举人俗称为"孝廉"。

由于人们对《孝经》的异常重视，使《孝经》在人们的心目中竟然慢慢具备了宗教功能，《后汉书·独行列传》记载：

> 向栩字甫兴，河内朝歌人……会张角作乱，栩上便宜，颇讥刺左右，不欲国家兴兵，但遣将于河上北向读《孝经》，贼自当消灭。中常侍张让谮栩不欲令国家命将出师，疑与角同心，欲为内应。收送黄门北寺狱，杀之。

黄巾起兵后，深受朝廷信任的大臣向栩不主张派兵镇压，而认为只需站在黄河边上面朝着黄巾所在的北方念诵《孝经》就可以使敌人自行消灭。这无异于痴人说梦，迷信《孝经》的向栩也因此被杀。但这并没有阻止人们继续从宗教的角度去信仰《孝经》：

> 份性孝悌，陵尝遇疾，甚笃，份烧香泣涕，跪诵《孝经》，昼夜不息。如此者三日，陵疾豁然而愈，亲戚皆谓份孝感所致。（《陈书·徐份列传》）

文中说的"陵"指南朝著名的文人、大臣徐陵，"份"指他的儿子徐份。有一次徐陵患上重病，他的儿子徐份便焚香祈祷，流着眼泪跪诵《孝经》，竟然能够使徐陵的重病在转眼之间突然痊愈。

汉代把《周易》《尚书》《诗经》《礼记》《春秋》立于学官，合称"五经";唐代加《周礼》《仪礼》《春秋公羊传》《春秋穀梁传》,为"九经";至唐开成年间(836—840),朝廷刊刻儒经于石碑,立于国子学,又加《孝经》《论语》《尔雅》,称"十二经";宋代复增《孟子》,因有"十三经"之称。由于《孝经》被列为儒家经书,其影响得以进一步扩大。

四、《孝经》的流传与注释

《孝经》的传本是很多的,汉代传《孝经》的就有十一家,虽然我们已经无法详细知道他们所使用的《孝经》原文如何,但也不会有太大差别,只是解释稍有不同而已。《孝经》经文有差别的主要传本有两家,即《今文孝经》与《古文孝经》。

秦始皇焚书坑儒,《孝经》也在被焚之列。汉朝建立之后,鼓励人们献书,这批书籍用汉代的隶书写成,被称为"今文"。汉代早期流传于社会的《孝经》即用今文写成,被称为《今文孝经》。古文经书的来历,《汉书·艺文志》有明确记载:

> 武帝末,鲁共王坏孔子宅,欲以广其宫,而得《古文尚书》及《礼记》《论语》《孝经》,凡数十篇,皆古字也。共王往入其宅,闻鼓琴瑟钟磬之音,于是惧,乃止不坏。

汉武帝末年,封在鲁地的鲁共王(又写作"鲁恭王")为了扩大自己的宫殿,便拆除孔子旧宅,在孔子旧宅的夹墙中,发现了《古文尚书》及《礼记》《论语》《孝经》等经书,因为这批经书是用先秦的古文字写成,故称为"古文经书",那么这本《孝经》自然也就称为《古文孝经》。关于《古文孝经》与《今文孝经》的异同,《汉书·艺文志》说:

> 《孝经》者,孔子为曾子陈孝道也。夫孝,天之经,地之义,民之行也。举大者言,故曰《孝经》。汉兴,长孙氏、博士江翁、少府后仓、谏大夫翼奉、安昌侯张禹传之,各自名家。经文皆同,唯孔氏壁中古文为异。"父母生之,续莫大焉","故亲生之膝下",诸家说不安处,古文字读皆异。(师古曰:"桓谭《新论》云《古孝经》

千八百七十二字,今异者四百余字。")

这就是说,《今文孝经》各家的经文基本相同,《古文孝经》大约有四百多字与《今文孝经》不同。不仅文字有所不同,分章也不同,颜师古在《汉书·艺文志》的注释中说:"刘向云:古文字也。《庶人章》分为二也,《曾子敢问章》为三,又多一章,凡二十二章。"《今文孝经》为十八章,《古文孝经》为二十二章。

据说郑玄为《今文孝经》作注,孔安国为《古文孝经》作传,究竟哪个更为优秀,古人是有争执的。开元十年(722),唐玄宗参用孔传、郑注,并汲取其他前人的注解,以《今文孝经》为底本,作了御注。从此,唐玄宗作注的《孝经》就成为最为流行的传本。我们使用的就是唐玄宗李隆基的《孝经注》本。

历代《孝经》注释不下百家,但由于《孝经》文字浅显易懂,所以这些注释大同小异,我们奉献给读者的这本《孝经》译注,主要参考唐玄宗的"注",邢昺的"疏",以及今人的译注,如胡平生先生的《孝经译注》(中华书局1996年8月出版)等等。与前人译注的不同之处,是本书还增加了"解读"部分,这是因为虽然《孝经》文字浅近,但涉及许多古代的思想观念与文化制度,为了使读者能够更为深入地理解《孝经》,我们对这些观念、制度做了简要阐释,另外还列举了不少故事、案例,对这些观念、制度做出形象的说明。

《孝经》虽然文字浅近易懂,但它阐述的却是带有根本性的深刻道理,这就会使我们在注释和解读的时候,出现各种各样的偏差,望读者不吝指教。

张景　张松辉

2022年3月

序

李隆基

　　朕闻上古其风朴略①,虽因心之孝已萌②,而资敬之礼犹简③。及乎仁义既有④,亲誉益著⑤。圣人知孝之可以教人也⑥,故因严以教敬⑦,因亲以教爱。于是以顺移忠之道昭矣⑧,立身扬名之义彰矣⑨。子曰:"吾志在《春秋》⑩,行在《孝经》。"是知孝者⑪,德之本欤!

【注释】

①朕:我。唐玄宗李隆基自称。先秦时期,人人皆可称"朕",秦始皇以后,"朕"专用于皇帝的自称。其风朴略:人们的品德纯朴而行事疏略。风,风气,品德。略,简略。指做事、礼仪等各方面都很简略。

②虽因心之孝已萌:虽然亲爱父母的孝心已经产生。因心,亲近仁爱之心。因,亲近。《广雅·释诂三》:"因,亲也。"《诗经·大雅·皇矣》:"维此王季,因心则友。"孔颖达疏:"言其有亲亲之心,复广及宗族也。"萌,萌生,产生。

③**而资敬之礼犹简**：然而可供借鉴的孝敬父母的礼节、规制还太简略。资，资取，借鉴。

④**及乎仁义既有**：到了人们开始提倡仁义的时候。指与上古时期相对的后世。《道德经·十八章》："大道废，有仁义……六亲不和，有孝慈。"老子认为，在有道的社会里，人人都保持着自己的美好天性，大家互爱互助，不相伤害，根本无人去为非作歹，因此也就不需要去提倡仁义与孝慈。大道被抛弃之后，人们开始不仁不义、不孝不慈，于是就有人站出来提倡仁义与孝慈了。

⑤**亲誉益著**：孝敬父母的美誉越来越被人们所重视。亲，指亲亲，孝敬父母。誉，美好的名声。益，更加。著，显著。这里引申为受到人们的重视。

⑥**圣人**：这里具体指孔子。本书的内容就是孔子教育人们要重视孝道。

⑦**因严以教敬**：顺应着子女对父母尊敬的天性，引导他们去进一步地尊敬父母。因，顺应。严，尊敬，这里指尊敬父母的天性。

⑧**以顺移忠之道昭矣**：把顺从父母、兄长转换为忠于君主的方法就十分清楚了。移，转换。道，原则，方法。昭，清楚，明白。

⑨**立身扬名之义彰矣**：建功立业、扬名后世的原则也就非常明白了。立身，能够卓然自立于社会，有所建树。义，原则。彰，彰明，明白。本书《开宗明义章》："立身行道，扬名于后世，以显父母，孝之终也。"

⑩**志在《春秋》**：我的政治思想体现在《春秋》一书中。志，思想。这里指政治思想。《春秋》，中国现存最早的编年体史书，为儒家经典之一。系孔子依据鲁国史书整理删订而成，表达了孔子对时事政治、历史人物的褒贬。《孟子·滕文公下》："世衰道微，邪说暴行有作，臣弑其君者有之，子弑其父者有之。孔子惧，作《春秋》。《春秋》，天子之事也。是故孔子曰：'知我者其惟《春秋》

乎！罪我者其惟《春秋》乎！'"吾志在《春秋》，行在《孝经》"
这两句出自汉代无名氏纬书《孝经钩命决》。

⑪是：此，因此。

【译文】

我听说远古时代的人们品德纯朴而行事疏略，虽然亲爱父母的孝敬之心已经产生，然而可供借鉴的孝敬父母的礼节还是显得有些简略。到了人们开始提倡仁义的时候，孝敬父母的美誉也就越来越被人们所重视。圣人知道可以用孝道来对人们进行教育，因此就顺应着子女对父母尊敬的天性，引导他们去进一步地尊敬父母；顺应着子女爱护父母的天性，教导他们去进一步地爱护父母。于是把顺从父母、兄长转换为忠于君主的方法就十分清楚了，建功立业、扬名后世的原则也就非常明白了。孔子说："我的政治思想体现在《春秋》中，而我的行为规范则包含在《孝经》里。"因此我们可以知道，孝道是一切美德的根本啊！

《经》曰①："昔者明王之以孝理天下也，不敢遗小国之臣②，而况于公、侯、伯、子、男乎③？"朕尝三复斯言④，景行先哲⑤，虽无德教加于百姓，庶几广爱形于四海⑥。嗟乎⑦，夫子没而微言绝⑧，异端起而大义乖⑨。况泯绝于秦⑩，得之者皆煨烬之末⑪；滥觞于汉⑫，传之者皆糟粕之余⑬。故鲁史《春秋》⑭，学开五传⑮；《国风》《雅》《颂》⑯，分为四诗⑰。去圣逾远⑱，源流益别⑲。

【注释】

①《经》：指《孝经》。以下引文出自本书的《孝治章》。

②不敢遗小国之臣：不敢怠慢那些弱小诸侯国的大夫。遗，放弃，忽略。这里引申为怠慢、轻视。一说"小国之臣"指小国派来的使

臣。弱小诸侯国的大夫很容易被天子忽略,受到天子的怠慢,而明王对这些小国大夫都能够以礼相待,那么明王对待各国诸侯的态度就会更加尊重了。

③公、侯、伯、子、男:周朝分封诸侯的五等爵位。此指各级诸侯。

④朕尝三复斯言:我曾经多次吟诵这些话。尝,曾经。三,泛指多次。复,反复。这里指反复吟诵。斯言,这些话。斯,此,这些。"三复斯言"是套用了《论语·先进》中的话:"南容三复白圭,孔子以其兄之子妻之。"孔子的弟子南容多次吟诵关于白圭的诗句,孔子就把自己兄长的女儿嫁给了他。这里的"白圭"指的是《诗经·大雅·抑》中的诗句:"白圭之玷,尚可磨也;斯言之玷,不可为也。"意思是说,白圭(一种玉制的礼器)上面的瑕疵尚且可以磨掉,而语言的失误就不容易消除了。说明南容对自己的言行特别谨慎。

⑤景行先哲:仰慕先哲的高尚德行。景行,原指大路。景,大。行,路。比喻光明正大的行为与高尚的品德。这里用作动词,仰慕高尚的德行。语出《诗经·小雅·车辖》:"高山仰止,景行行止。"

⑥庶几广爱形于四海:希望能够在爱护父母方面做天下人的榜样。庶几,副词。表示希望。广爱,博爱。这里主要指爱护父母。形,郑玄注:"形,见也。"唐玄宗注:"形,法也。"四海,指整个天下。古人认为中国四周皆为大海,所以把中国叫海内,外国叫海外。一般情况下,"四海"一词指中国,但李隆基认为这里的"四海"指"四夷"——东夷、西戎、南蛮、北狄,也即四方少数民族国家。"虽无德教加于百姓,庶几广爱形于四海"这两句出自本书《天子章》:"爱敬尽于事亲,而德教加于百姓,刑于四海。盖天子之孝也。"李隆基《孝经注》:"德教加被天下,当为四夷之所法则也。"

⑦嗟乎:感叹词。

⑧夫子没而微言绝:孔子去世后,他的精妙言论也就被湮灭了。夫

子,指孔子。没,死亡。后来这个意义多写作"殁"。微言,道理
精深微妙的言辞。

⑨异端起而大义乖:不合正道的学说出现,而正确的道理被歪曲。
异端,不符合圣人思想的学说。大义,正确的道理、原则。乖,违
背。这里指违背、歪曲了圣人的大义。《汉书·艺文志》:"昔仲尼
没而微言绝,七十子丧而大义乖。"

⑩况泯绝于秦:更何况古代经典灭绝于秦代。秦代曾大肆焚烧古
籍。《史记·秦始皇本纪》:"丞相李斯曰:'……臣请史官非秦记
皆烧之。非博士官所职,天下敢有藏《诗》《书》、百家语者,悉诣
守、尉杂烧之。有敢偶语《诗》《书》者弃市。以古非今者族。吏
见知不举者与同罪。令下三十日不烧,黥为城旦。所不去者,医
药、卜筮、种树之书。若欲有学法令,以吏为师。'制曰:'可。'"
秦朝规定,除了秦国史书、医药书、卜筮书、农业书之外,其他民间
的各种书籍全部在烧毁之列。

⑪得之者皆煨烬(wēi jìn)之末:后来找到的一些典籍也已经被秦火
烧得残缺不全了。煨烬,灰烬,燃烧后的残余物。末,残破不全的
事物。

⑫滥觞(làn shāng)于汉:古籍的搜寻工作起始于汉代。滥觞,原指
江河发源的地方,水小得只能浮起酒杯,借指事情的起源。滥,浮
起。觞,酒杯。《汉书·惠帝纪》:"除挟书律。"汉惠帝时,正式废
除秦代禁止民间藏书的命令,并开始搜寻残余的书籍。

⑬传之者皆糟粕之余:然而流传下来的古籍都是一些残余糟粕。意
思是说,流传下来的古籍已经失去了它们的原貌。

⑭鲁史《春秋》:这里具体指孔子依据鲁国史书编写的《春秋》。

⑮学开五传(zhuàn):解释《春秋》的学派分为五家。开,分开,分
为。五传,具体指《春秋左氏传》《春秋公羊传》《春秋穀梁传》
《春秋邹氏传》《春秋夹氏传》。传,注释或解释经书的文字。

⑯《国风》《雅》《颂》：代指《诗经》。《诗经》为儒家"五经"之一，
是中国最早的一部诗歌总集，收集了西周初年至春秋中叶的诗
歌，共311篇，其中6篇为笙诗，即只有标题，没有内容。《诗经》
共分《国风》《雅》《颂》三个部分。

⑰四诗：指汉代传承、解释《诗经》的四个学派。具体指鲁人申公的
"鲁《诗》"、齐人辕固的"齐《诗》"、燕人韩婴的"韩《诗》"，鲁人
毛亨的"毛《诗》"。四家对诗义的说明、解释均有不同。我们现
在看到的是毛《诗》。

⑱去圣逾远：距离圣人的时代越远。去，离开，距离。圣人，这里主
要指孔子。

⑲源流益别：圣人的本意与后人的解释差异越大。源，源头。这里
比喻圣人的最初用意。流，指水流的下游，与"源"相对。这里比
喻后人对经书的解释。益，更加。别，差别，差异。

【译文】

《孝经·孝治章》说："从前那些圣明的帝王，在以孝道治理天下的
时候，他们就连弱小诸侯国的大夫都不敢怠慢，更何况是对待公、侯、伯、
子、男这些诸侯本人呢！"我曾经多次反复吟诵这些话，特别景仰那些古
代的圣哲，虽然我还没有能够把孝敬父母的美德教育推广到百姓那里
去，但也希望自己能够在孝敬父母方面做天下人的榜样。唉，孔子去世
之后他的精妙言论也就被湮灭了，不合正道的学说出现之后正确的道理
也被歪曲了。更何况古代经典灭绝于秦代，后来找到的一些典籍也已经
被秦火烧得残缺不全了；典籍的搜寻工作起始于汉代，而流传下来的典
籍也不过是一些残余的糟粕而已。因此，对于孔子依据鲁国史书撰写的
《春秋》，后人的解释就分为五个学派；对于包含《国风》《雅》《颂》三个
部分的《诗经》，也分为各不相同的四个传承派别。离开圣人的时代越
久远，后人的解释与圣人的本意就会差别越大。

　　近观《孝经》旧注,踳驳尤甚①。至于迹相祖述②,殆且百家③;业擅专门④,犹将十室⑤。希升堂者⑥,必自开户牖⑦;攀逸驾者⑧,必骋殊轨辙⑨。是以道隐小成⑩,言隐浮伪⑪。且传以通经为义⑫,义以必当为主⑬。至当归一⑭,精义无二⑮,安得不翦其繁芜⑯,而撮其枢要也⑰?

【注释】

①踳驳(chuǎn bó)尤甚:错乱得特别严重。踳,乖背,错乱。驳,驳杂,杂乱。

②迹相祖述:师承前人的观点。迹,追踪前人的行迹。也即继承前人的学问。祖述,效法、遵循前人的学说或行为。

③殆且百家:大概有将近一百家学派。这里指所有传承过或者涉猎过《孝经》的学派有将近百家。殆,大概。且,将近。

④业擅专门:专门研究、传承《孝经》的学派。业,学业。擅,专门,擅长。

⑤犹将十室:仍然有将近十家。将,将近,接近。室,家,学派。

⑥希升堂者:希望能够登上孔子学术殿堂的人。《论语·先进》:"由也升堂矣,未入于室也。"由,指孔子弟子子路。孔子用"升堂"比喻子路的学问已经不错了,只是还没有"入室",也即还未达到最好的程度而已。

⑦必自开户牖(yǒu):他们一定会妄自穿凿、另立门户。户,门。牖,窗。意思是那些传承《孝经》的人,本来希望能够登上孔子的学问殿堂,只因不得其门而入,只好妄自穿凿,另开门户。

⑧攀逸驾者:那些希望能够攀上孔子学问这辆快车的人。逸驾,速度极快的车辆。逸,快速。这里比喻孔子关于《孝经》的思想。

⑨必骋殊轨辙:一定会奔驰在其他的歧途上。骋,驰骋,奔驰。殊,

不同的。轨辙,道路。以上两句是说,一些学者本来是想掌握孔子关于《孝经》的学问,只因眼光浅近,反而走上了歧途。

⑩是以道隐小成:因此孔子的大道被一些人的小小成功蒙蔽了。是以,因此。道,指孔子关于《孝经》的思想。隐,蒙蔽。小成,很小的成绩。本句意思是,有人在传承《孝经》时取得了一些小的成绩,就自以为自己的解释符合孔子原意,而实际上距离孔子原意甚远。《庄子·齐物论》:"道隐于小成,言隐于荣华。"

⑪言隐浮伪:孔子的至理名言被一些人的浮夸虚伪的言辞遮蔽了。言,指孔子的至理名言。浮,虚浮,浮夸。

⑫且传(zhuàn)以通经为义:再说解释经书的文字要以疏通经书为原则。传,注释经书的文字。通,疏通,解释清楚。义,原则。

⑬义以必当为主:这一原则的主要内容就是解释一定要恰当。当,恰当。这里指符合经书原义。

⑭至当归一:最恰当的解释只能有一种。因为圣人的原意只有一种,所以最恰当的解释也只能有一种,那么其他不同的解释就是错误的。

⑮精义无二:最精确的原义不会有两种。

⑯安得不翦(jiǎn)其繁芜:怎么能够不去删除其他不符合孔子原意的杂乱解释呢? 安得,怎么能够。翦,剪去,消除。这个意义后来多写作"剪"。繁芜,繁多而杂乱。这里指繁多而杂乱的文字。

⑰撮(cuō)其枢要:提取其中的核心精义。撮,提取。枢要,事物的关键或核心部位。这里指最精确的主旨。

【译文】

最近我在阅读《孝经》的旧注时,发现这些注释错乱得特别严重。至于师承前人观点去解释过《孝经》的,大概有将近百家;即便是专门研究、传承《孝经》的学派,也仍然有将近十家。那些希望能够登上孔子学问殿堂的人,只因不得其门而入就只好妄自穿凿、另立门户;那些本来是想追上孔子学问这辆快车的人,只因眼光短浅反而走上了歧途。因此孔子的大道被一些人的小小成绩遮蔽了,孔子的至理名言被一些人的浮华虚夸的言辞湮灭了。再说解释经书的文字要以疏通经书义理为原则,这一原则的主要内容就是解释一定要恰当。最恰当的解释只能有一种,因为最精确的原义不会有两样,我们怎么能够不去删除其他不符合孔子原义的杂乱解释,而提取其中的精确主旨呢?

    韦昭、王肃[①],先儒之领袖。虞翻、刘邵[②],抑又次焉[③]。刘炫明安国之本[④],陆澄讥康成之注[⑤]。在理或当[⑥],何必求人[⑦]?今故特举六家之异同[⑧],会"五经"之旨趣[⑨];约文敷畅[⑩],义则昭然[⑪];分注错经[⑫],理亦条贯[⑬]。写之琬琰[⑭],庶有补于将来[⑮]。

【注释】

①韦昭(204—273):字弘嗣,吴郡云阳(今江苏丹阳)人,是三国东吴儒林名士。韦昭自幼好学,擅长文史,著有《国语注》《孝经解赞》《吴书》等。后为吴主孙晧所害。王肃(195—256):字子雍,东海郡郯县(今山东郯城)人。三国时期魏国大臣,经学家。著有《孝经王氏解》《周易王氏注》《礼记王氏注》《尚书王氏注》等。

②虞翻:字仲翔,会稽余姚(今浙江余姚)人。三国时期吴国学者。因得罪孙权,流放于交州。虞翻研究经学,为《周易》《老子》《国语》等书作注,对《孝经》也颇有研究。刘邵:又作刘劭,字孔才,广平邯郸(今河北邯郸)人,生卒年不详。三国时期曹魏大臣,曾执经讲学,参与编纂类书《皇览》,制定《新律》,撰写《人物志》以品评人才。

③抑又次焉:是稍次于韦昭、王肃的儒家学者。抑,连词,表示轻微

的转折。

④刘炫明安国之本：刘炫阐明了孔安国的《古文孝经传》。本，注本。指《古文孝经传》。邢昺《孝经疏》："初，炫既得王邵所送古文孔安国注本，遂著《古文稽疑》以明之。"刘炫（约546—约613），字光伯，河间景城（今河北献县）人。隋朝经学家。在隋末战乱中四处流离，最终饥饿而死，门人谥为宣德先生。安国，指孔安国，汉代鲁国（在今山东曲阜）人，生卒年不详。孔丘后裔，经学家，先后任谏大夫、临淮太守。武帝时，鲁恭王拆除孔子旧宅，于夹墙中得《古文尚书》《礼记》《论语》《孝经》，皆为先秦古文字写成，孔安国以今文读之，定《尚书》为五十八篇，谓之《古文尚书》，又著《古文孝经传》《论语训解》等。《隋书·经籍志一》："又有《古文孝经》，与《古文尚书》同出……孔安国为之传。"

⑤陆澄讥康成之注：陆澄批评郑康成的《孝经注》。实际上是陆澄不承认郑康成注过《孝经》。《南齐书·陆澄列传》："时国学置郑、王《易》，杜、服《春秋》，何氏《公羊》，麋氏《穀梁》，郑玄《孝经》。澄谓尚书令王俭曰：'《孝经》，小学之类，不宜列在帝典。'乃与俭书论之曰：'……世有一《孝经》，题为郑玄注，观其用辞，不与注书相类。案玄自序所注众书，亦无《孝经》。'"陆澄（425—494），字彦渊，吴郡吴（今江苏苏州）人。南朝文学家、藏书家。从小好学博览，无所不知，行坐眠食，手不释卷。康成，即郑玄（127—200），字康成，北海郡高密（今山东高密）人。东汉末年儒家学者、经学家。郑玄治学以古文经学为主，兼采今文经学。他遍注儒家经典，为汉代经学研究的集大成者。

⑥在理或当：只要这些学者的注解合理、恰当。或，语气助词。

⑦求：责求，批评。邢昺《孝经疏》："言但在注释之理允当，不必讥非其人也。求，犹责也。"

⑧六家：指韦昭、王肃、虞翻、刘邵、刘炫、陆澄六人的《孝经》注释。

⑨会"五经"之旨趣:融会"五经"的旨趣。会,融会贯通。"五经",
指《诗经》《尚书》《礼记》《周易》《春秋》五部儒家经典。

⑩约文:文字简约。敷(fū)畅:全面而流畅。敷,普遍,全面。

⑪义则昭然:经文的意思被阐述得清楚明白。昭然,清楚明白的样子。

⑫分注错经:把注释文字分别安插在有关的经文之中。错,通
"措"。放置,安插。

⑬理亦条贯:也有条有理。条贯,条理清楚。

⑭写之琬琰(wǎn yǎn):把它写在琬圭、琰圭之上。琬,上端浑圆
的圭。琰,上端较尖的圭。圭是古代帝王、诸侯举行隆重仪式时
所用的玉制礼器。名称及形制大小因爵位及用途不同而异。一
说"写之琬琰"是指把自己撰写的《孝经注》刊刻在石碑上,"琬
琰"是对石碑的美称。这一种解释更为合理。因为在天宝四载
(745),唐玄宗亲自以八分书写《孝经》,刊刻于石碑,立于太学,
因碑座底下有三层石台,所以又被称为《石台孝经》。该碑至今
仍保留在西安碑林。

⑮庶:副词。表示希望。

【译文】

韦昭、王肃,是从前儒家的领袖。虞翻、刘邵,也是稍次一点儿的儒
家学者。刘炫阐明了孔安国的《古文孝经传》,陆澄批评过郑康成的《孝
经注》。只要这些学者的一些注释合理恰当,又何必对他们求全责备
呢? 所以我现在特地举出韦昭、王肃、虞翻、刘邵、刘炫、陆澄六人对《孝
经》注释的异同,融会贯通"五经"的旨趣,用简练、流畅的文字,以求把
《孝经》的主旨解释得清楚明白;我把注释文字分别安插在有关的《孝
经》经文后面,这也比较有条理。然后把《孝经注》刊刻在石碑之上,希
望对未来的人们有所补益。

　　且夫子谈经,志取垂训①。虽五孝之用则别②,而百行之

源不殊③。是以一章之中，凡有数句；一句之内，意有兼明④。具载则文繁⑤，略之又义阙⑥。今存于疏⑦，用广发挥⑧。

【注释】

①志取垂训：目的在于为后人留下训导。志，目的。垂，留下，流传。

②五孝：五种人行孝的内容。《孝经》从"天子章第二"至"庶人章第六"共五章，按照尊卑次序，分别论述了天子、诸侯、卿大夫、士、庶人五种人应有的孝行，被称为"五孝"。

③而百行之源不殊：然而各种善行的根源却是一样的。百行，泛指各种善行。源，源头，根源。这个源头指的就是孝道。

④意有兼明：其含义有时要说明几个问题。

⑤具载则文繁：把想讲的话全部写进去，文字就显得繁杂。载，载入，写进去。

⑥略之又义阙（quē）：太简略了，意思又没能表达完整。阙，缺乏，不完整。

⑦今存于疏：现在我的想法都存在于注疏之中。疏，注释。

⑧用广发挥：用这些注疏广泛地发扬光大《孝经》的思想观念。发挥，发扬光大。

【译文】

　　再说孔子谈论经书，其目的就在于为后世留下训导。虽然五种孝行的内容有所差异，但各种善行的根源却是一样的。因此孔子在一章之中，写了许多词句；在一句话之内，其含义有时要说明几个问题。我如果把所有要解释的话全部写进来，文字就会显得太过繁多；如果写得太简略了，许多意思又不能表达完整。现在我的想法都存在于注疏之中，用这些注疏广泛地发扬光大《孝经》的思想观念。

开宗明义章第一

【题解】

开宗明义，阐释全书的宗旨，说明孝道的义理。开，开示，阐释。宗，宗旨，主旨。明，说明，阐明。本章提纲挈领，说明孝道是一切美德的根本与教化的源头，并大致勾勒了行孝的规范性程序：始于尽孝于父母，然后尽忠于君主，最终建功立业，光宗耀祖。"开宗明义"这一成语就出自本章。

据北宋邢昺《孝经疏》说，最初《孝经》虽然分章但无章名，南朝梁皇侃为"天子章第二"至"庶人章第六"共五章"标其目而冠于章首"。到了唐玄宗李隆基为《孝经》作注时，才召集儒官共同商议，依据每章的大意，为每章起了章名。

仲尼居^①，曾子侍^②。子曰^③："先王有至德要道^④，以顺天下^⑤，民用和睦^⑥，上下无怨。汝知之乎？"曾子避席曰^⑦："参不敏^⑧，何足以知之^⑨？"子曰："夫孝，德之本也，教之所由生也^⑩。复坐^⑪，吾语汝。身体发肤^⑫，受之父母，不敢毁伤^⑬，孝之始也。立身行道^⑭，扬名于后世，以显父母^⑮，孝之终也^⑯。夫孝，始于事亲^⑰，中于事君^⑱，终于立身。《大雅》

云^⑲：'无念尔祖^⑳？聿修厥德^㉑。'"

【注释】

①仲尼居：孔子在家闲坐。仲尼，即孔子。孔子名丘，字仲尼，春秋
　时期鲁国陬邑（今山东曲阜）人。中国古代伟大的思想家和教育
　家，儒家创始人，被后世尊为"至圣先师"。居，闲居。这里具体指
　闲坐。

②曾子：即曾参，名参，字子舆，春秋时期鲁国南武城（今山东费县，
　一说在今山东嘉祥）人。孔子弟子，天性至孝，勤奋力学，每日
　三省其身，为孔子思想的重要传承人之一，被后世尊为"宗圣"。
　侍：卑者、幼者陪从尊者、长者叫"侍"。这里具体指陪坐在孔子
　身边。关于曾参行孝的事迹，见"解读一"。

③子：对男子或老师的尊称。这里具体指孔子。

④先王：指从前的圣明君王，如尧、舜、禹、商汤、周文王、周武王等。
　至德：至美的品德。要道：至关重要的道理、原则。

⑤以顺天下：用孝道使天下的人际关系和顺。以，用。一说本句的
　意思是"用来顺应天下民心"；一说"顺"通"训"，"以顺天下"是
　"用以训导天下民众"的意思。

⑥民用和睦：民众因此能够和睦相处。用，因，因此。

⑦避席：离开坐席起立。这是表示恭敬的一种礼节。古人席地而
　坐，表示向对方致敬时则离席而起身。

⑧参不敏：我不聪敏。参，曾子自称。敏，聪敏，聪明。

⑨何足以：怎么能够。

⑩教之所由生：一切美德教化产生的根源。古代有五教之说，即教
　父以义，教母以慈，教兄以友，教弟以恭，教子以孝。这里的"教"
　泛指所有的美德教育。孔子认为，所有的教化，都是从孝道那里
　衍生出来的。换言之，孝道是一切美德教育的起点。

⑪复坐：返回坐席。刚才孔子提问时，曾子离开坐席站了起来以示尊敬，所以孔子让他返回坐席坐下。

⑫身体发肤：身体，四肢，毛发，皮肤。身，指躯干。体，指四肢。

⑬不敢毁伤：不敢对它们有任何损毁伤害。《礼记·祭义》："乐正子春下堂而伤其足，数月不出，犹有忧色。门弟子曰：'夫子之足瘳矣，数月不出，犹有忧色，何也？'乐正子春曰：'善如尔之问也！善如尔之问也！吾闻诸曾子，曾子闻诸夫子，曰：'天之所生，地之所养，无人为大。父母全而生之，子全而归之，可谓孝矣。不亏其体，不辱其身，可谓全矣。'"这就是古人不主张剪发、剃须的原因。

⑭立身行道：建功立业，遵循正道。立身，能够卓然自立于社会，有所建树。

⑮以显父母：以此使父母显耀。也即光宗耀祖的意思。

⑯孝之终也：这是尽孝的最终目标。"立身行道，扬名于后世，以显父母，孝之终也"这几句话，激励了历史上无数的志士名人，见"解读二"。

⑰始于事亲：从孝顺父母开始。事，事奉，孝敬。亲，双亲，父母。

⑱中于事君：然后以孝敬父母之心去侍奉君主。这就是古人所主张的"移孝作忠"原则。中，一说指中级阶段，一说指中年时期。

⑲《大雅》：《诗经》的一个组成部分。《诗经》共分《风》《雅》《颂》三个部分，《雅》又分《小雅》《大雅》。雅，正。指与俗调、邪音不同的正声。《大雅》共三十一篇，多为西周前期的作品。

⑳无念尔祖：怎么能够不追念你们的先祖呢？尔，你们，你们的。祖，祖先。具体指周文王。

㉑聿（yù）修厥德：要发扬光大先祖的美德。聿，发语词。一说是祖述、效法的意思。修，修养，发扬光大。厥，他。具体指周文王。以上两句诗出自《诗经·大雅·文王》，该诗的主要内容是歌颂周文王的丰功伟绩。

【译文】

孔子在家里闲坐，弟子曾子陪坐在他的旁边。孔子问道："从前的圣王具有至善至美的品德和最为重要的原则，以此使天下百姓关系和顺，百姓也因此能够和睦相处，上上下下都没有任何怨恨与不满。你知道这圣王的美德与原则吗？"曾子离开自己的坐席站起身来，回答说："我不够聪敏，哪里能够知道圣王的美德与原则呢？"孔子说："这就是孝道，孝道是一切美德的根本，也是一切教化得以产生的根源。你回到坐席上坐下来，我给你谈谈这个问题。我们每个人的身体、四肢、毛发、皮肤，都是来自父母，因此不敢对它们有任何损毁伤害，这是尽孝的开始。能够在社会上建功立业，遵循正道，扬名于后世，从而使自己的父母荣耀显赫，这是尽孝的最终目标。所谓的孝道，最初是尽孝于父母，然后是尽忠于君主，最终是立身社会、建功立业。《诗经·大雅·文王》说：'怎么能不思念你们的先祖呢？要发扬光大你们先祖的美德啊！'"

【解读】

一

曾子是孔子的得意弟子之一，以孝敬父母而闻名。曾子的事迹流传下来的较多，因本书主要讲孝道，我们就仅举有关曾子尽孝的两个事例。

据说是元代的郭守正，将二十四位古人尽孝的事迹辑录成书，曾子就是其中的一位：

> 周曾参，字子舆，事母至孝。参尝采薪山中，家有客至。母无措，望参不还，乃啮其指。参忽心痛，负薪而归，跪问其故。母曰："有急，客至，吾啮指以悟汝尔。"（《二十四孝》）

周代（曾子生活的春秋属于东周时期）的曾子对母亲非常孝敬，有一次，他进山打柴，家里来了客人，母亲不知该如何招待，等待曾子而曾子又迟迟未归，于是母亲就咬了自己的手指，山中的曾子突然感到自己的心口疼，知道是母亲在召唤自己，于是马上背着柴草赶回家中。这就是历史上有名的"啮指痛心"故事，主要说明曾子与母亲血肉相连的深厚情感。到了后来，人们就根据这一类的故事得出一个结论，亲人之间存在着一种休戚与共的心灵感应关系。这种心灵感应是否真实存在，只能靠我们每个人自己去体验与认证。

曾子天性至孝，但具体如何行孝，却是一门较为深奥的学问，还需要圣人的指教，就像唐玄宗李隆基说的那样："虽因心之孝已萌，而资敬之礼犹简。"（《孝经序》）曾子的孝心虽然是天赋的，但也需要后天教育，因为上天仅仅赋予曾子孝敬父母的天性，至于具体如何去行孝于父母，还需圣贤指教。应该说，早年的曾子在如何行孝这方面还有某种程度的欠缺。

包括孔子在内的早期儒家认为，子女面对父母责打时，应坚持"小杖则受，大杖则走"（《后汉书·崔骃列传》）的权变原则。《说苑·建本》记载：有一天，曾子和父亲曾皙一起在瓜田锄草，曾子不小心把一棵瓜苗锄掉了，脾气暴躁的父亲就用一根大棍子把曾子击昏在地。曾子苏醒后做的第一件事情就是去慰问父亲："刚才大人您用这么大力气教训我，没有累坏身体吧！"接着又在父亲听得到的地方弹琴唱歌，目的是想让父亲听到自己的歌声，知道自己虽然挨了打，依然是心平气和、没有生气。孔子听到这件事情后，很生曾子的气，告诫弟子说："你们把门给我看好，曾参到这儿来，不许他进来见我！"曾子自以为此事没有做错，就询问孔子为何生气，孔子说：

> 小箠则待，大箠则走，以逃暴怒也。今子委身以待暴怒，立体而不去，杀身以陷父不义，不孝孰是大乎？汝非天子之民邪？杀天子之民罪奚如？（《说苑·建本》）

孔子的主张是：如果父亲拿着一条细细的荆条来抽打儿女，儿女应该接受，因为荆条抽打虽然有些疼，但不会打坏儿女的身体，此时不让父亲出口气，是不孝的表现；假如看到父亲气势汹汹地抡起大棍子朝自己打来，那就应该逃走，如果不逃，照样是不孝。这是因为如果自己一旦被生气的父亲失手打死，将使父亲落下不仁不慈的恶名，甚至会因为杀人而被判刑。在坚持孝的原则下，逃与不逃，那就要根据实际情况灵活掌握了，而曾子却没有把握好这种灵活性。

由此可见，曾子早年虽然具备了至孝天性，但对行孝的具体方法把握得还不够精准，所以才有了孔子与曾子的这段对话。接着，孔子还分别就天子、诸侯、卿大夫、士、庶人如何行孝及其他一些孝道的问题，为曾子一一做了解答。

最后，我们补充一条"小杖受，大杖逃"的正面例子。《后汉书·崔骃列传》记载，汉灵帝时，朝廷公开卖官鬻爵，当时名声极大的崔烈也不得不按照朝廷规矩，花了五百万钱买了个司徒官职，因为此事，崔烈的名声受到了极大损害。《后汉书》接着记载：

> （崔烈）久之不自安，从容问其子钧曰："吾居三公，于议者何如？"钧曰："大人少有英称，历位卿守，论者不谓不当为三公；而今登其位，天下失望。"烈曰："何为然也？"钧曰："论者嫌其铜臭。"烈怒，举杖击之。钧时为虎贲中郎将，服武弁，戴鹖尾，狼狈而走。烈骂曰："死卒，父楗而走，孝乎？"钧曰："舜之事父，小杖则受，大杖则走，非不孝也。"烈惭而止。

时间久了，崔烈也为自己花钱买官这件事情深感不安，就问自己的儿子崔钧："我现在位居三公（司徒属三公之一），人们的看法如何？"崔钧回答："大人您年轻时就有英名，而且还先后当过九卿、太守，议论此事的人并不认为您不应当做三公。而如今您登上三公高位之后，天下人都很失望。"崔烈问道："怎么会这样呢？"崔钧说："议论此事的人都嫌您的官位有铜钱的味道！"崔烈听后很生气，举起手杖就去打儿子。崔钧当时任虎贲中郎将，戴着插有鹖鸟尾的武官帽，狼狈地逃走了。崔烈怒骂儿子："你这个该死的小卒子，父亲揍你，你却逃走了，这是孝顺父亲吗？"崔钧回答说："舜在事奉父亲时，用小杖责罚他就接受，用大杖责罚他就逃走，这不是不孝顺父亲啊。"崔烈听后，感到很是惭愧，就不再责罚儿子了。

二

历史上不少人，受到"立身行道，扬名于后世，以显父母，孝之终也"这几句话的激励，从而发愤图强，建立了不朽事业。我们试举两例。

一提到中国的史书，人们大概首先想到的就是司马迁的《史记》。司马迁之所以能够写出《史记》这样被赞为"史家之绝唱，无韵之《离骚》"（鲁迅《汉文学史纲要》）的伟大作品，与他父亲司马谈临死前引用这几句话的激励有着极大关系。《史记·太史公自序》记载：

> 是岁天子始建汉家之封，而太史公留滞周南，不得与从事，故发愤且卒。而子迁适使反，见父于河洛之间。太史公执迁手而泣曰："余先周室之太史也。自上世尝显功名于虞夏，典天官事。后世中衰，绝于予乎？汝复为太史，则续吾祖矣。今天子接千岁之统，封泰山，而余不得从行，是命也夫，命也夫！余死，汝必为太史，为太史，无忘吾所欲论著矣。且夫孝始于事亲，中于事君，终于立身。扬名于后世，以显父母，此孝之大者。……"迁俯首流涕曰："小子不敏，请悉论先人所次旧闻，弗敢阙。"

西汉元封元年（前110），汉武帝封禅泰山，这是千载难逢的国家大典，然而司马迁的父亲、身为太史令的司马谈却因病滞留于周南（在今河南洛阳），无法从行。此时，出使在外的司马迁刚好赶到了洛阳。司马谈临死前，就是用《孝经》中的这几句话激励司马迁要发愤图强，以显父母。司马迁没有辜负父亲临死的重托，忍辱负重，终于完成了《史记》这部皇皇巨著。如果没有司马迁这位能够"终于立身"、"扬名于后世，以显父母"的大孝子，"司马谈"之名恐怕早就尘封于历史的灰烬之下了。

在中国古代，不仅"弄璋"的男子以此自励，就连本该"弄瓦"的女子也能够以此自励，决心扬名显亲，此类女子尤其令人感佩。《旧唐书·后妃列传下》记载：

> 女学士、尚宫宋氏者，名若昭，贝州清阳人。父庭芬，世为儒学，至庭芬有词藻。生五女，皆聪惠，庭芬始教以经艺，既而课为诗赋，

年未及笄,皆能属文。长曰若莘,次曰若昭、若伦、若宪、若荀。若莘、若昭文尤淡丽,性复贞素闲雅,不尚纷华之饰。尝白父母,誓不从人,愿以艺学扬名显亲。若莘教诲四妹,有如严师。著《女论语》十篇,其言模仿《论语》,以韦逞母宣文君宋氏代仲尼,以曹大家等代颜、闵,其间问答,悉以妇道所尚。若昭注解,皆有理致。贞元四年,昭义节度使李抱真表荐以闻。德宗俱召入宫,试以诗赋,兼问经史中大义,深加赏叹。德宗能诗,与侍臣唱和相属,亦令若莘姊妹应制。每进御,无不称善。嘉其节概不群,不以宫妾遇之,呼为学士先生。庭芬起家受饶州司马,习艺馆内,敕赐第一区,给俸料。

唐代贝州清阳(在今河北清河)人宋庭芬,生了五个女儿,依次是若莘、若昭、若伦、若宪、若荀。宋庭芬先用儒家经典教育女儿,后又教以诗赋。若莘、若昭贞素闲雅,曾对父立誓,此生不愿嫁人,决心"以艺学扬名显亲"。若莘撰《女论语》,若昭为之作注。《女论语》共分十篇,采用问答形式,阐述女子的言行举止和持家处世之道。后与《女诫》《内训》《女范捷录》合称"女四书"。唐德宗贞元四年(788),若莘姊妹被召入宫,德宗尊称之为"学士先生"。《新唐书·后妃列传下》还记载:"自贞元七年,秘禁图籍,诏若莘总领,穆宗以若昭尤通练,拜尚宫,嗣若莘所职,历宪、穆、敬三朝,皆呼先生,后妃与诸王、主率以师礼见。宝历初卒,赠梁国夫人,以卤簿葬。"从贞元七年(791)开始,若莘与若昭先后总领秘阁图籍,并拜为尚宫(掌辅佐皇后及宫内赏赐等事务)。在几位姊妹中:"若昭尤通晓人事,自宪、穆、敬三帝,皆呼为先生,六宫嫔媛、诸王、公主、驸马皆师之,为之致敬。进封梁国夫人。"(《旧唐书·后妃列传下》)

若莘、若昭作为女性,能够被唐德宗、顺宗、宪宗、穆宗、敬宗五位皇帝连续尊称为"先生",能够被嫔媛、诸王、公主、驸马尊为老师,能够为后人留下《女论语》《奉和御制麟德殿宴百僚应制》《牛应贞传》等作品,做到了本章说的"立身行道,扬名于后世";由于若莘、若昭的成就,使自己的父亲能够"起家受饶州司马,习艺馆内,敕赐第一区,给俸料",并在新旧《唐书》中占一席之地，做到了本章说的"以显父母"。

　　在男尊女卑的古代，在信奉"女子无才便是德"的社会里，若昭姊妹以本章的教导自励，做到了扬名显亲。她们所取得的成就，让无数的堂堂"须眉"汗颜。

天子章第二

【题解】

天子,统治国家的帝王。古人认为帝王以天为父,以地为母,故称之为"天之子"。《白虎通德论·爵》:"天子者,爵称也。爵所以称天子者何?王者父天母地,为天之子也。"本章主要阐述天子该如何行孝。孔子认为,天子不仅要孝敬自己的父母,而且还要把这种孝敬之心推广到所有百姓的父母身上;只要天子做好表率,天下百姓就会以天子为榜样,会心悦诚服地接受美德教育。

从本章至"庶人章第六"共五章,按照尊卑次序,分别论述了天子、诸侯、卿大夫、士、庶人五种人应有的孝行,被称为"五孝"。唐玄宗李隆基《孝经序》:"虽五孝之用则别,而百行之源不殊。"虽然五种孝行的具体内容有所差异,但各种善行的根源却是一样的,这个根源就是孝道。

子曰:"爱亲者,不敢恶于人①;敬亲者,不敢慢于人②。爱敬尽于事亲③,而德教加于百姓④,刑于四海⑤。盖天子之孝也⑥。《甫刑》云⑦:'一人有庆⑧,兆民赖之⑨。'"

【注释】

①爱亲者,不敢恶(wù)于人:天子如果爱护自己的父母,也就不敢

去厌恶、伤害别人的父母。这即儒家所提倡的"推恩"。见"解读一"。另一解释为:天子如果爱护自己的父母,也就不敢厌恶、伤害其他任何人。

②慢:怠慢,不尊重。

③尽:尽心尽力。

④而德教加于百姓:有关孝敬父母的美德教育就能够推广到百姓那里。德,这里具体指孝敬父母的美德。加,施加。以上两句为因果关系,意思是天子如果能够孝敬自己的父母,百姓才能够以天子为榜样,接受孝道的教育。

⑤刑:通"形"。郑玄注:"形,见也。"四海:指整个天下。古人认为中国四周皆为大海,所以把中国叫海内,外国叫海外。一般情况下,"四海"指中国,但李隆基认为这里指"四夷"——东夷、西戎、南蛮、北狄,也即四方少数民族国家:"德教加被天下,当为四夷之所法则也。"(《孝经注》)

⑥盖天子之孝也:这就是天子行孝的内容啊。盖,句首语气词。关于天子的孝行,见"解读二"。

⑦《甫刑》:儒家经典《尚书》中的一篇,又称《吕刑》。周穆王时,刑法较为混乱,大臣吕侯劝告周穆王重新审查、修订刑法,于是作《吕刑》。《吕刑》全篇均为周穆王的诰词,但也体现了吕侯的法律思想。因为吕侯的后代改封为甫侯,故《吕刑》又称《甫刑》。

⑧一人有庆:天子有了美好的品德。一人,指天子。商、周时期的天子自称"余一人"。庆,善。这里具体指美好的品德。

⑨兆民赖之:亿万百姓都可以依赖他。兆,数词。古代以"百万"或"万亿"为兆,常用来表示数量极多。

【译文】

孔子说:"天子如果爱护自己的父母,也就不敢去厌恶、伤害别人的父母;天子如果尊敬自己的父母,也就不敢去怠慢别人的父母。天子能够尽心尽力地去爱敬自己的父母，那么他爱敬父母的美德就能够推广到百姓那里，就能够成为天下人效法的榜样。这就是天子的行孝内容啊！《尚书·甫刑》说：'天子有了美好的品德，亿万民众就可以依靠他了。'"

【解读】

一

从本章可以看出，天子的孝行分为两个层次，一是对自己父母要孝敬，二是要把这种孝心推广到整个天下。"爱亲者，不敢恶于人；敬亲者，不敢慢于人"阐述的是对后世影响极大的推恩思想。关于推恩思想，孟子讲得更为明白。有一次，孟子对齐宣王说：

> 老吾老，以及人之老；幼吾幼，以及人之幼。天下可运于掌。《诗》云："刑于寡妻，至于兄弟，以御于家邦。"言举斯心加诸彼而已。故推恩足以保四海，不推恩无以保妻子。古之人所以大过人者无他焉，善推其所为而已矣。（《孟子·梁惠王上》）

孝敬自己的父母，就要用孝敬自己父母的心去孝敬别人的父母；养育自己的孩子，就要用养育自己孩子的心去养育别人的孩子。做到这一点，帝王就能够保有四海；否则，就会国破家亡，连自己的妻子儿女都无法保护。

那么反过来，仅仅孝敬自己的父母，而伤害别人的父母，结果又如何呢？孟子也给予了明确回答：

> 孟子曰："吾今而后知杀人亲之重也：杀人之父，人亦杀其父；杀人之兄，人亦杀其兄。然则非自杀之也，一间耳。"（《孟子·尽心下》）

孟子说："我如今真正知道了杀害别人的亲人是多么严重的事件了：杀害别人的父亲，别人就会杀害他的父亲；杀害别人的哥哥，别人也会杀害他的哥哥。那么，虽然父亲和哥哥不是被自己杀掉的，但与自己杀害父兄也相差不远了。"

因杀人之父，使自己几遭亡国、父子蒙羞的，大概要属春秋时期的楚平王。楚平王为了联合秦国以制约晋国,准备为自己的太子建娶秦国女子。楚平王派费无忌前往秦国为太子建迎娶秦女,因秦女容貌美丽,费无忌便怂恿楚平王自娶秦女,另为太子建娶妻。

由于夺妻之事,费无忌担心太子将来秋后算账,便日夜在平王面前谗害太子建。楚平王杀害了太子建的太傅伍奢及其长子伍尚。太子建在受到死亡威胁的情况下,不得已逃亡国外。伍奢的次子伍子胥也辗转逃往吴国。后来,伍子胥为报父兄之仇,辅佐吴王,率兵攻入楚国都城郢,《史记·伍子胥列传》接着记载:

> 昭王出亡,入云梦。盗击王,王走郧。郧公弟怀曰:"平王杀我父,我杀其子,不亦可乎!"郧公恐其弟杀王,与王奔随。吴兵围随,谓随人曰:"周之子孙在汉川者,楚尽灭之。"随人欲杀王,王子綦匿王,己自为王以当之。随人卜与王于吴,不吉,乃谢吴,不与王。……及吴兵入郢,伍子胥求昭王。既不得,乃掘楚平王墓,出其尸,鞭之三百,然后已。

伍子胥攻入郢都时,楚平王已死,在位的是楚平王与秦女所生之子,即年幼的楚昭王。楚昭王逃到云梦(指云梦泽,在今湖北一带),在这里又受到盗匪的袭击,昭王只好逃到郧(在今湖北安陆)。郧公的弟弟怀说:"平王曾经杀死我们的父亲,我们杀掉他的儿子,不是也可以吗?"郧公担心自己的弟弟杀了昭王,便带着昭王逃到随国(在今湖北随州,随国君主为周天子同族)。吴军随即包围了随国都城,对随国人说:"过去被封在汉川(即今湖北汉水)一带的周朝子孙,几乎被楚国消灭完了。"随国人于是就想杀掉昭王,楚国大夫王子綦把昭王藏起来,自己假扮成昭王替昭王去死。这时随国人占卜是否应该把昭王交给吴军,占卜结果是不吉利,于是就拒绝吴军的要求,没有把昭王交给吴军。吴国军队进入郢都之后,伍子胥四处搜寻昭王,结果没有找到,于是就把楚平王的坟墓扒开,拉出平王的尸体,把尸体鞭笞了三百下,以泄杀父之愤。

楚平王杀人之父,不仅使自己死后受辱,而且几乎葬送了自己的国家;不仅使自己的父祖蒙羞,而且也几乎给自己的儿子带来灭顶之灾;更令人难以接受的是,不知有多少无辜生命葬送在这场残酷的复仇战争之中。楚平王杀人之父,为己为人带来的灾难远远比孟子说的"杀人之父,人亦杀其父"要严重得多。

二

关于天子的孝行,我们仅举舜帝与汉高祖刘邦两人为例。

舜帝是位大孝子,被列为古代二十四孝之首。《史记·五帝本纪》记载:

> 舜父瞽叟盲,而舜母死。瞽叟更娶妻而生象,象傲。瞽叟爱后妻子,常欲杀舜,舜避逃;及有小过,则受罪。顺事父及后母与弟,日以笃谨,匪有懈。……舜父瞽叟顽,母嚚,弟象傲,皆欲杀舜。舜顺适不失子道,兄弟孝慈。欲杀,不可得;即求,尝在侧。

《史记》说:舜的父亲瞽叟不明事理,舜的生母死后,瞽叟又娶了一个妻子,生下了儿子象,象桀骜不驯。瞽叟喜欢后妻的儿子,常常想把舜杀掉,舜都躲过了;如果责罚不重,就接受。舜很恭顺地侍奉父亲、后母及后弟,一天比一天地更加忠厚谨慎,没有一点儿懈怠。……舜的父亲瞽叟愚昧贪婪,后母愚顽奸诈,弟弟象桀骜不驯,他们都想杀掉舜。舜却恭顺做事而从不违背为子之道,他友爱兄弟,孝顺父母。父母想杀掉他的时候,就找不到他;而有事需要找他的时候,他又总是在身旁侍候着。

关于"欲杀,不可得;即求,尝在侧",我们仅举《史记·五帝本纪》记载的一件事:"瞽叟尚复欲杀之,使舜上涂廪,瞽叟从下纵火焚廪。舜乃以两笠自扞而下,去,得不死。"有一天,瞽叟让舜去修缮谷仓顶,等到舜上去以后,瞽叟就在下面放火焚烧这个谷仓,而舜手握两顶斗笠从谷仓顶上跳了下来,既没有摔伤也没有烧伤。瞽叟找舜干活的时候,舜马上就到;瞽叟要杀害舜的时候,舜就想方设法逃走了。这两顶让舜顺利落地的斗笠可以看作中国乃至世界上最早的"降落伞"。

我们接着谈刘邦。在一般人的认知中,刘邦是一位带有流氓习气的开国皇帝,这一看法应该是历史上的一大误解。我们就以他与父亲的关系谈谈守经达权原则与他的孝父之情。

守经达权,是中国古代的一个重要处世原则。所谓"经",就是基本原则;所谓"权",就是权变,就是在不违背基本原则的前提下所进行的灵活变通。中国古代最重要的几位思想家——老子、庄子、孔子、孟子,都非常重视"权",他们甚至认为,懂得"权变",是为人处世的最高境界。

刘邦不仅是中国第一位由平民登上开国皇帝宝座的人,而且他开创的大汉王朝是中国最强大的王朝之一,我们至今自称汉人,就是由汉朝的名称而来。我们现在多把西汉和东汉看作两个王朝,而古人则把西汉和东汉视为一个王朝,因为东汉的开国皇帝刘秀也是刘邦的子孙。这两个王朝加在一起,长达四百多年。自秦始皇统一中国之后,其他王朝基本都没有超过三百年的。正是因为刘邦能够守经达权,才使他建立了如此丰功伟业。

刘邦和项羽作战,可以说是输多胜少,项羽则是屡战屡胜,但输赢的效果却相反,由于政治眼光、性格差异,使刘邦即便屡战屡败,力量却越来越强大;而项羽虽然老打胜仗,力量却越来越弱小。最后垓下一战,刘邦以压倒性的优势一战定乾坤,项羽自杀,刘邦当了天子。

在楚汉战争中,刘邦在彭城惨败,刘邦幸运逃脱,而他的父亲和妻子则被项羽活捉了。后来,项羽为了尽快结束战争,就做了一块大砧板,把刘邦的父亲绑在砧板上,推到阵前,与刘邦对话。项羽要求刘邦赶快投降,否则就杀掉他的父亲,并煮成一锅汤。这时,刘邦把"无赖"的性格又一次表现得淋漓尽致,他对项羽说:

> 吾与项羽俱北面受命怀王,曰"约为兄弟",吾翁即若翁,必欲烹而翁,则幸分我一杯羹。(《史记·项羽本纪》)

刘邦对项羽说:"当初我们俩结为兄弟,接受楚怀王(这位楚怀王为战国楚怀王之孙)的命令共同进攻秦朝,既然我们两人结为兄弟,那么我的父亲就是你的父亲。如果你今天一定要把你的父亲煮成肉汤,煮好以后，希望能够分一杯羹让我也尝尝。"明明是自己的父亲，刘邦通过"逻辑推理"，杀自己的父亲竟然成了杀项羽的父亲。

实际上，这段话反映的是刘邦的"权"。项羽之所以要用杀害刘邦父亲这件事去威胁刘邦，就是要从精神上打击刘邦，如果刘邦表现得痛不欲生，那么项羽可能会真的杀其父亲，杀了，至少可以对刘邦构成精神摧残。然而刘邦却表现得无所谓，既然造不成任何打击，杀其父就毫无意义，况且杀人父亲的名声也不好，项羽在项伯的劝说下没有杀刘邦父亲。我们说这件事表现了刘邦的权变机智，其证据就是刘邦当了皇帝之后，对父亲极为孝敬，其孝敬程度，让我们常人自愧不如。

后来刘邦与项羽讲和了，商定以鸿沟（在今河南荥阳）为界，鸿沟以西归刘邦所有，鸿沟以东归项羽所有。和约签订之后，项羽把刘邦的父亲和妻子送还给刘邦。

刘邦统一天下之后，封父亲为太上皇，并且规定自己每五天朝拜父亲一次，也即每五天要陪伴父亲一次。我们常说，皇帝政务繁忙，日理万机。而作为开国皇帝的刘邦更忙，他不仅要处理日常政务，还要扫平各异姓诸侯接连不断的叛乱，用"日理万机"不足以形容刘邦的忙碌。在如此忙碌的情况下，每五天还要陪父亲一次。我们这些普通人都很难做到这一点。

刘邦是丰（今江苏徐州丰县）人，而建都于长安，也即今天的西安。丰县距离西安遥远。刘邦当然希望父亲能够与自己一起住在长安。但人老思乡。刘邦为了让父亲既住在长安，又能解决他的思乡问题，于是就想出一个好办法：

> 太上皇徙长安，居深宫，凄怆不乐。高祖窃因左右问其故，以平生所好，皆屠贩少年，酤酒卖饼，斗鸡蹴鞠，以此为欢。今皆无此，故以不乐。高祖乃作新丰，移诸故人实之，太上皇乃悦。故新丰多无赖，无衣冠子弟故也。高祖少时，常祭枌榆之社。及移新丰，亦还立焉。高帝既作新丰，并移旧社，衢巷栋宇，物色惟旧。士女老幼，相

携路首,各知其室。放犬羊、鸡鸭于通涂,亦竟识其家。其匠人胡宽所营也。(《西京杂记》卷二)

刘邦父亲住在长安深宫,整日闷闷不乐,刘邦得知父亲是因为思念故乡,就指派工程师胡宽到故乡丰邑,把丰邑的建筑画了一张图纸,带到长安,在长安附近原模原样地又修建了一个丰邑。因为两地都叫丰,为了区别,新建的丰就称为"新丰"。新丰建好之后,刘邦下了一道命令,把故乡丰邑的乡亲们,包括他们的羊啊、狗啊、鸡啊、鸭啊,全部用车搬了过来。实际上就是把整个老家给搬了过来。新丰与老丰修建得相似到了什么程度呢? 当乡亲们带着羊狗鸡鸭来到新丰之后,不用向导,每个人都能够找到自己的家门;他们带来的羊狗鸡鸭,不用人赶,也都能够找到各自的羊圈狗舍、鸡窝鸭笼。

正是因为刘邦做到了"爱敬尽于事亲……刑于四海",所以不仅刘邦的那些做帝王的后代子孙,就连其他王朝的帝王,无不标榜自己是"以孝治天下",而且在他们的帝号中,往往带有"孝"字。比如汉代的文帝号"汉孝文帝",武帝号"汉孝武帝",其后的王朝无不如此,如晋惠帝号"晋孝惠帝",唐高宗号"天皇大圣大弘孝皇帝",明成祖号"……纯仁至孝文皇帝"等等。

诸侯章第三

【题解】

诸侯，天子所分封的各诸侯国国君。周天子根据血缘亲疏与功勋大小分封诸侯，诸侯共有公、侯、伯、子、男五等爵位，但为什么统称"诸侯"呢？《礼记·王制》孔颖达的疏解释说："此公、侯、伯、子、男，独以'侯'为名而称'诸侯'者，举中而言。"本章主要阐述诸侯该如何行孝，重点劝谏诸侯要"在上不骄""制节谨度"，以便长保富贵，谐和万民。

"在上不骄①，高而不危；制节谨度②，满而不溢③。高而不危，所以长守贵也④；满而不溢，所以长守富也。富贵不离其身，然后能保其社稷⑤，而和其民人⑥。盖诸侯之孝也。《诗》云⑦：'战战兢兢⑧，如临深渊，如履薄冰⑨。'"

【注释】

① 在上不骄：诸侯身居高位而不傲慢。《孝经》分今文本和古文本，我们使用的是唐玄宗的《孝经注》版本，属于今文本。自"天子章第一"至"庶人章第六"，今文本只在"天子章"前面使用一次"子曰"，而古文本在每章前面都有"子曰"二字。因为这些章节

都是孔子的话,所以我们对全章都使用了引号。

②制节:即"节制"。对自己的费用开支有所制制。谨度:指自己行为谨慎而合乎法度。根据下文,这主要是就使用财富而言,也即谨慎使用自己的财富,让自己的生活标准符合法度,不得僭越礼制。

③满而不溢:装的水虽然很满但不会溢出来。溢,水漫了出来。比喻失败、穷困。一说指超越礼制的奢侈浪费。古人经常用"满而不溢"比喻能够保持强盛状态而不会失败。这里具体比喻保持财富充足而不会陷入穷困。关于如何能够做到"高而不危""满而不溢",详见"解读"。

④所以:代词。这里代指某种方法、原因。

⑤社稷:社是土神,稷是谷神,两者都是古代社会最重要的根基。历代王朝建立时,一定要先立社稷庙坛;灭人之国,必先变置灭亡之国的社稷。因此,社稷慢慢就成为国家、政权的标志与代名词。

⑥和其民人:使民众和睦相处。民人,民众,百姓。

⑦《诗》:即《诗经》,儒家"五经"之一。《诗经》是中国最早的一部诗歌总集,收集了西周初年至春秋中叶的诗歌,共311篇,其中6篇为笙诗,即只有标题,没有内容。

⑧战战兢兢:满怀敬畏、谨慎小心的样子。战战,恐惧的样子。兢兢,小心谨慎的样子。

⑨如履薄冰:就好像行走在薄薄的冰面上一样。履,踏,行走。这三句诗出自《诗经·小雅·小旻》。

【译文】

"诸侯身份高贵而不傲慢,那么即使身居高位也不会出现跌倒下来的危险;诸侯节制财富支出,生活标准谨守法度,那么即使财富充盈也不会因奢侈、僭礼而陷入贫困。身居高位而不会出现跌倒下来的危险,这就是能够长久保持尊贵地位的方法;财富充盈而不会因奢侈、僭礼而陷入贫困,这就是能够长久保有财富的原因。能够紧紧地把握住充盈的财富与高贵的地位，然后才能够保护好自己的国家，使自己的百姓和睦相处。这就是诸侯的行孝内容。《诗经·小雅·小旻》说：'满怀敬畏而谨慎小心，就好像面对着万丈深渊一样，还好像行走在薄薄的冰面上一般。'"

【解读】

如何做到"高而不危""满而不溢"，是古人面临的一大课题。因为在古人看来，物盛必衰似乎是一条无法避免的自然规律。《道德经·四章》说："道冲，而用之或不盈。"老子说："大道是无形无象的，如果遵循着它办事，也许就不会要求把事情办到盈满、极盛的状态。"把事情办到十全十美是常人所追求的，那么老子为什么反对办事"盈满""十全十美"呢？古人对此解释说：

日极则仄，月满则亏。（《管子·白心》）

古人观察到，太阳升到最高处以后，紧接着就是走下坡路；月亮圆了以后，紧接着就是一天天亏损。于是，老子就得出一个结论："物壮则老。"（《道德经·三十章》）这种观察结论是正确的。既然"盛"是成功与衰败的转折点，因此办事就不要求"盈满"，不要求达到"盛"，以免走向衰落。《史记·龟策列传》记载：

孔子闻之曰："……物安可全乎？天尚不全，故世为屋，不成三瓦而陈之，以应之天。天下有阶，物不全乃生也。"

孔子说："任何事情怎么能够做到十全十美呢？因为连天都做不到十全十美，所以人们在建房时，要少盖三片瓦，然后才居住，以此来上应天道。"后来，人们把这一原则运用到了人事的各个方面。《谈苑》卷三记载：

吕文靖教马子山云："事不要做到十分。"子山初未谕，其后语人云："一生只用此一句不尽。"

"事不要做到十分"讲的道理与"而用之或不盈"是一样的。而这一道理大概只能与智者言，常人很难理解。

　　虽然人们都知道物盛必衰的道理，但也希望能够做到相对的"盛而不衰"，也即本章讲的"高而不危""满而不溢"。如何做到这一点呢？孔子为人们提供的方法是：

　　　孔子观于鲁桓公之庙，有欹器焉。孔子问于守庙者曰："此为何器？"守庙者曰："此盖为宥坐之器。"孔子曰："吾闻宥坐之器者，虚则欹，中则正，满则覆。"孔子顾谓弟子曰："注水焉。"弟子挹水而注之。中而正，满而覆，虚而欹。孔子喟然而叹曰："吁！恶有满而不覆者哉！"子路曰："敢问持满有道乎？"孔子曰："聪明圣知，守之以愚；功被天下，守之以让；勇力抚世，守之以怯；富有四海，守之以谦：此所谓挹而损之之道也。"（《荀子·宥坐篇》）

　　有一次，孔子带着弟子到鲁桓公的祠庙里，看到一件欹器。孔子便向守庙的人问道："这是一件什么器皿啊？"守庙人告诉他："这是一件可以放在座位右边、用来警戒自己的器皿。"孔子说："我听说这种器皿，在没有装水的时候就会歪倒；水装得不多不少的时候就会直立；水装满了，它就会翻倒。"接着，孔子回头对他的弟子们说："你们往里面倒水试试看吧。"弟子们慢慢地往欹器里面灌水。果然，当水装得适中的时候，这个器皿就端端正正地直立在那里；水灌满之后，它就翻倒了；把里面的水全部倒出来，它就倾斜了。孔子叹了一口气，说："唉！哪里会有太盛满而不倾覆的事物啊！"弟子子路请教有无保持"满"的办法，也即有没有"高而不危""满而不溢"的办法，孔子告诫说："要想守住自己的聪明才智，就要表现得愚笨一些；要想守住自己的盖世功劳，就一定要学会谦让；要想守住自己的超人勇猛，就一定要学会胆怯；要想守住整个天下，就一定要学会谦恭：这就是人们常说的'减损'方法。"

　　说到底，用来保证"高而不危""满而不溢"的办法，就是谦虚退让，也即《周易·谦卦·象》中说的"一谦而四益"：

　　　天道亏盈而益谦，地道变盈而流谦，鬼神害盈而福谦，人道恶盈而好谦，谦尊而光，卑而不可逾，君子之终也。

　　《周易》说："上天的运行规律是减少盈满（傲慢）的而去补益谦虚的，大地的运行规律是改变盈满的而去补充谦虚的，鬼神的行事原则是损害盈满的而去赐福谦虚的，人们的行事原则是讨厌盈满的而去喜欢谦虚的。有了谦虚的品德，处于高位会更加昌盛繁荣；处于低下的位置，别人也无法在品质方面超越他，君子应该终身谦虚。"后来，人们把《周易》的这一思想总结为"一谦而四益"（《汉书·艺文志》）。意思是，一个人一旦做到谦虚退让，天、地、鬼神、人四者都会赐福于他。正是基于这一原因，明代袁了凡在他的《了凡四训》中专列一篇《谦德之效》，认为凡是成功人士，无不是具备谦德之人。

　　在孔子之前，楚国有一位贤相，名叫孙叔敖，他提出了与孔子近似、但也稍有不同的"高而不危""满而不溢"的方法。《韩诗外传》卷七记载：

　　　　孙叔敖遇狐丘丈人。狐丘丈人曰："仆闻之，有三利必有三患，子知之乎？"孙叔敖蹴然易容曰："小子不敏，何足以知之！敢问何谓三利？何谓三患？"狐丘丈人曰："夫爵高者，人妒之；官大者，主恶之；禄厚者，怨归之。此之谓也。"孙叔敖曰："不然。吾爵益高，吾志益下；吾官益大，吾心益小；吾禄益厚，吾施益博。可以免于患乎？"狐丘丈人曰："善哉言乎！尧、舜其犹病诸。"

　　有一次，孙叔敖遇到狐丘丈人。狐丘丈人说："我听说，有三利必有三害，您知道吗？"孙叔敖听后，惊惧不安地问道："我不聪敏，怎么能够知道呢！请问什么叫三利，什么叫三害？"狐丘丈人说："爵位高的人，人们会嫉妒他；权力大的人，君主会讨厌他；俸禄多的人，怨恨会集中于他。这就是三利三害。"孙叔敖说："不会是这样吧。我的爵位越高，我的心越发谦下；我的权力越大，我就越发小心谨慎；我的俸禄越多，我就越发地施恩惠于别人。这样可以避免祸患了吧？"狐丘丈人说："您说得太好啦！只是您说的这些做法，恐怕就连尧、舜他们都很难做到啊。"孙叔敖在强调谦下之外，又加上"吾施益博"这一条。实际上，孔子也说过类似的话：

　　孔子曰:"夫富而能富人者,欲贫而不可得也;贵而能贵人者,欲贱而不可得也;达而能达人者,欲穷而不可得也。"(《说苑·杂言》)

　　孔子说:"自己富有了,也使别人变得富有,那么自己即使想变得贫穷,也不可能;自己高贵了,也使别人变得高贵,那么自己即使想变得低贱,也不可能;自己生活顺利了,也使别人生活变得顺利,即使自己想过困窘的日子,也不可能。"与大家一起富有,一起变得高贵,一起过顺利的日子,应该是保持"高而不危""满而不溢"的最好方法。

卿大夫章第四

【题解】

　　卿,古代的官爵名称,地位在公之下,大夫之上。有时也称"上大夫"。大夫,官爵名称。商、周时期,大夫又分为上、中、下三等。在周代,天子与诸侯都有卿、大夫。本章主要阐述卿、大夫如何行孝,重点在于提醒卿、大夫要做到"不符合先代圣王礼法所规定的服装不要去穿,不符合先代圣王礼法的言语不要去说,不符合先代圣王道德规范的行为不要去做",以此来保护好自己的家族与封地。可能是由于春秋时期僭越事情屡发,所以孔子才有此提醒。

　　"非先王之法服不敢服^①,非先王之法言不敢道^②,非先王之德行不敢行^③。是故非法不言,非道不行;口无择言,身无择行^④;言满天下无口过^⑤,行满天下无怨恶^⑥。三者备矣^⑦,然后能守其宗庙^⑧。盖卿、大夫之孝也。《诗》云:'夙夜匪懈,以事一人^⑨。'"

【注释】

　　①法服:符合礼制规定的服装。在古代,人的身份、等级不同,其所

穿戴的衣冠式样、颜色、花纹、质料等都各不相同,如果卑贱者穿戴尊贵者的服饰,则为"僭上(僭越上级)";如果尊贵者过于俭朴,则为"偪下(挤压下级)"。《礼记·杂记》:"孔子曰:'管仲镂簋而朱纮,旅树而反坫,山节而藻棁,贤大夫也,而难为上也;晏平仲祀其先人,豚肩不掩豆,贤大夫也,而难为下也。君子上不僭上,下不偪下。'"管仲生活太奢侈,作为他的上级,在生活上想超过他就很难了;晏子的生活太节俭,作为他的下级,想在生活上比他更节俭,也太困难了。

②法言:合乎礼法的言论。道:道说,谈论。

③先王之德行:符合先王道德规范的行为。以上三句所讲的道理可以说是本章的核心,具体事例详见"解读"。

④口无择言,身无择行:嘴巴不讲道德败坏的言论,自身没有道德败坏的行为。择,通"殬"。败坏。朱骏声《说文通训定声·豫部》:"择,假借为殬。"《尚书·甫刑》:"罔有择言在躬。"孙星衍疏:"择为殬假借字。《说文》云:'殬,败也。'"一说"口无择言,身无择行"的意思是:"张口说话无须斟酌措辞,行动举止无须考虑应当怎么去做。这是说,因为言行都自然而然地能够遵循礼法道德,所以无须反复思考,细细斟酌。"(胡平生《孝经译注》)

⑤口过:语言过失。也即说错话。

⑥怨恶(wù):受到人们的怨恨与厌恶。怨,恨。

⑦三者备矣:这三条原则都做到了。三者,指"非先王之法服不敢服,非先王之法言不敢道,非先王之德行不敢行"这三条原则。

⑧宗庙:古代祭祀祖先的处所。这里代指卿、大夫的家族和封地。

⑨夙夜匪懈,以事一人:从早到晚不敢有任何懈怠,全心全意地事奉周天子。夙,早晨。匪,同"非"。懈,懈怠,懒惰。一人,商、周时期的天子自称"余一人",这里具体指周宣王。这两句诗出自《诗经·大雅·烝民》,原诗的作者是周宣王的大臣尹吉甫,主题是

赞美周宣王能够任贤使能,使周王朝中兴。本章用这两句诗劝告卿、大夫要一心一意地为君主尽忠。

【译文】

"不符合先代圣王礼法所规定的服装就不敢穿,不符合先代圣王礼法的言语就不敢说,不符合先代圣王道德规范的行为就不敢做。因此不合礼法的话就不去说,不合道德的事就不去做;口中没有道德败坏的言论,自身没有道德败坏的行为;这样就能够做到言谈传遍天下而从无语言过失,在天下到处做事而从不会招致人们的怨恨与厌恶。如果能够完美地做到服饰符合法度、言语没有过失、行为没有错误这三条原则,然后就能够长久地保护好自己的家族与封地。这就是卿、大夫的行孝内容。《诗经·大雅·烝民》说:'从早到晚不敢有丝毫懈怠,全心全意地事奉周天子。'"

【解读】

本章主张不符合先代圣王礼法所规定的服装不要去穿,不符合先代圣王礼法的言语不要去说,不符合先代圣王道德规范的行为不要去做。如果违背了这些原则,后果如何呢? 我们举汉景帝的同母弟弟梁孝王刘武为例。

梁孝王刘武(? —前144)是汉文帝刘恒的嫡次子,汉景帝刘启的同母弟,是窦太后最宠爱的儿子。吴、楚七国之乱时,梁孝王率兵抵御吴、楚联军,死守梁都睢阳(今河南商丘),拱卫了国都长安,立下极大功劳。

我们应该承认,梁孝王是一位孝子:"孝王慈孝,每闻太后病,口不能食,居不安寝,常欲留长安侍太后。太后亦爱之。"(《史记·梁孝王世家》)但他在"非先王之法服不敢服,非先王之法言不敢道,非先王之德行不敢行"方面做得十分欠缺,使他的孝行大打折扣,不仅没有能够尽孝,反而还为母亲带来无尽的忧愁。

首先,他没有做到"非先王之法服不敢服"。由于汉景帝和窦太后的宠爱与恩赐,梁孝王生活十分奢侈,建造方圆三百多里的东苑,扩展睢阳城达七十里,大兴土木,建造宫殿。更为严重的是:"东西驰猎,拟于天子。出言趯,入言警。"(《史记·梁孝王世家》)这就是说,梁孝王在服装、车辆、出行等等礼仪方面,都与天子一样,这就是僭越了礼制。

其次,梁孝王没有做到"非先王之法言不敢道"。《史记·梁孝王世家》评论:"示风以大言而实不与,令出怨言,谋畔逆,乃随而忧之,不亦远乎!"所谓"示风以大言而实不与",是指汉景帝曾经对母亲窦太后说,自己死后要把帝位传给弟弟梁孝王,因袁盎等大臣的反对,此事不了了之。"令出怨言",是说梁孝王为此讲了许多对朝廷不满的话。把帝位传给弟弟不符合汉代礼制,梁孝王为此口出怨言,这些怨言自然也属于"非先王之法言"。

最后,梁孝王更没有做到"非先王之德行不敢行"。梁孝王不仅说了许多"非先王之法言",而且还干了更为严重的"非先王之德行"。《史记·梁孝王世家》记载:

> 梁王怨袁盎及议臣,乃与羊胜、公孙诡之属阴使人刺杀袁盎及他议臣十余人。逐其贼,未得也。于是天子意梁王,逐贼,果梁使之。乃遣使冠盖相望于道,覆按梁,捕公孙诡、羊胜。公孙诡、羊胜匿王后宫。使者责二千石急,梁相轩丘豹及内史韩安国进谏王,王乃令胜、诡皆自杀,出之。

梁孝王与属下羊胜、公孙诡相互勾结,竟然派刺客把反对他继承帝位的十余名大臣杀害了,这种行为几同谋反。在朝廷的施压下,梁孝王只好逼两个同谋的臣下自杀以塞责。

由于梁孝王没有做到这三条原则,即使身为皇帝亲弟,结局也十分凄凉。在早期,"王入则侍景帝同辇,出则同车游猎",兄弟俩同车共辇,亲密无间,母亲窦太后自然也十分欢喜。自从梁孝王做了一系列不法之事以后,"上由此怨望于梁王。梁王恐……于是梁王伏斧质于阙下,谢罪……然景帝益疏王,不同车辇矣。……三十五年冬,复朝。上疏欲留,上弗许。归国,意忽忽不乐。……六月中,病热,六日卒,谥曰孝王"(《史记·梁孝王世家》)。不法行为使汉景帝怨恨、疏远了梁孝王,再也不与他同车共辇了,也不许他久留京城。梁孝王最终因心情压抑,忽忽不乐,竟然先于母、兄去世。不仅梁孝王自己为此短寿,而且给自己的母亲带来极大痛苦:"闻梁王薨,窦太后哭极哀,不食,曰:'帝果杀吾子!'"(《史记·梁孝王世家》)所以班固在《汉书·文三王传》中感叹说:

> 梁孝王虽以爱亲故王膏腴之地,然会汉家隆盛,百姓殷富,故能殖其货财,广其宫室车服。然亦僭矣。怙亲亡厌,牛祸告罚,卒用忧死,悲夫!

梁孝王作为皇帝的亲弟弟,太后的爱子,而且还为朝廷立过大功,最终却因自己的非法之服、非法之言、非法之行而忧死,更何况是一般的臣民呢!

士章第五

【题解】

士,在先秦时期,士的含义非常多,男子、最低等的贵族、士兵、读书人等等,都可称为"士"。根据本章的"然后能保其禄位",可知本章的"士"主要指贵族中的低级官员。本章主要阐述士的行孝内容,那就是孝敬父母,尊重君主,服从上级,以保有自己的俸禄官位,以延续自己的家庭血脉。

"资于事父以事母①,而爱同②;资于事父以事君,而敬同③。故母取其爱,而君取其敬④,兼之者父也⑤。故以孝事君则忠,以敬事长则顺⑥。忠顺不失⑦,以事其上,然后能保其禄位⑧,而守其祭祀⑨。盖士之孝也。《诗》云:'夙兴夜寐,无忝尔所生⑩。'"

【注释】

①资于事父以事母:按照侍奉自己父亲的态度去侍奉自己的母亲。资,取,按照。

②爱同:爱护母亲与爱护父亲的心是一样的。

③敬同：尊敬君主与尊敬父亲的心是一样的。

④母取其爱，而君取其敬：母亲对儿女主要是取其亲爱之情，而君主对臣下主要取其尊敬之情。邢昺《孝经疏》："母之于子，先取其爱；君之于臣，先取其敬，皆不夺其性也。"认为子之爱母，臣之敬君，是人的天性。一说这两句话的意思是：侍奉母亲则主要持亲爱之心，侍奉君主则主要持尊敬之心。

⑤兼之者父也：父亲则要求儿女兼有亲爱之情和尊敬之情。兼，同时具备。一说本句的意思是：侍奉父亲时，则兼有亲爱之心和尊敬之心。

⑥以敬事长（zhǎng）则顺：以尊敬之心去侍奉上级时就能够服从上级。长，上级，长官。因为古文本《孝经》作"以弟事长则顺"，所以唐玄宗李隆基《孝经注》说："移事兄敬以事于长，则为顺矣。"意思是：把事奉兄长的尊敬之心转换为对上级的尊敬之心，那么就会服从上级的命令。

⑦忠顺不失：坚守住忠于君主与顺从上级这两种品德。失，失去，没有坚守住。一说本句的意思是：在忠诚与顺从这两个方面都做到没有缺点、过失。失，过失，错误。

⑧禄位：俸禄与官位。

⑨而守其祭祀：才能够维持自己对祖先的祭祀。实际就是指能够延续自己的家族血脉。

⑩夙兴夜寐，无忝尔所生：要早起晚睡地努力工作，不要有辱于生育你的父母。夙，早，清晨。兴，起，起床。寐，睡。忝，辱，辱没。尔所生，生养你的人，指父母。尔，你，你的。这两句诗出自《诗经·小雅·小宛》。

【译文】

"要按照侍奉自己父亲的态度去侍奉自己的母亲，对于父亲与母亲的爱心是相同的；要按照侍奉父亲的态度去侍奉君主，对于父亲与君主的尊敬是相同的。母亲对儿女主要是取其亲爱之情,而君主对臣下主要是取其尊敬之情,父亲对儿女的要求则兼有亲爱之情和尊敬之情。因此以孝顺之心去侍奉君主时就能够忠于君主,以尊敬之心去侍奉上级时就能够服从上级。只要能够坚守住忠诚与顺从这两种态度,并用这两种态度去侍奉君主和上级,就能够保住自己的俸禄和职位,就能够维持对祖先的祭祀。这就是士人的行孝内容。《诗经·小雅·小宛》说:'要早起晚睡地努力工作,不要有辱于生养你的父母!'"

庶人章第六

【题解】

　　庶人，平民，百姓。在先秦，多指具有自由身份的农民。本章主要阐述普通百姓的行孝内容，认为普通百姓的孝道就是遵循自然规律，努力耕作，做事谨慎，节约财富，以供养自己的父母。本章还认为，从天子到平民，都应该永远遵行孝道，只要内存孝心，就不用担心自己做不到孝道。

　　"用天之道①，分地之利②，谨身节用③，以养父母，此庶人之孝也④。故自天子至于庶人，孝无终始⑤，而患不及者⑥，未之有也⑦。"

【注释】

①用天之道：遵循大自然的规律。也即遵循春夏秋冬等自然变化规律，来安排自己的农事活动。天之道，指自然规律。唐玄宗李隆基《孝经注》："春生、夏长、秋敛、冬藏，举事顺时，此用天道也。"

②分地之利：分辨不同的地理状况，因地制宜地从大地上谋取财利。唐玄宗李隆基《孝经注》："分别五土，视其高下，各尽所宜，此分地利也。"五土指山林、川泽、丘陵、水边平地、低洼之地等五种土地。

③谨身节用：做事谨慎，节约财用。

④庶人之孝：普通百姓的孝行内容。庶人，众人，普通百姓。关于庶人之孝，见"解读"。

⑤孝无终始：行孝是不分始终的，也即永远要行孝。

⑥患不及者：担心自己不能行孝。患，担心，发愁。不及，做不到。

⑦未之有也：即"未有之也"。这是不可能发生的事情。意思是孝行是人人都能做得到的，不用担心做不到。"孝无终始，而患不及者，未之有也"这三句，还有另一种解释：始终都不去行孝的人，而灾祸不会降临在他的身上，这是从未有过的事情。患，灾难。

【译文】

"遵循大自然的变化规律，分辨土地的不同情况以谋取财利，行为谨慎而节约财用，以此来供养自己父母，这就是普通百姓的行孝内容。因此从天子到百姓，只要能够始终遵行孝道，就不用担心自己做不到行孝。"

【解读】

人人都在追求幸福生活，然而对于幸福的感受与解释，却存在极大差异。在中国古代，不少人把父母的健在视为自己最大的幸福。孟子曾经说过人生有三大快乐，而"父母俱存"被摆在第一位。《孟子·尽心上》记载：

> 孟子曰："君子有三乐，而王天下不与存焉。父母俱存，兄弟无故，一乐也；仰不愧于天，俯不怍于人，二乐也；得天下英才而教育之，三乐也。君子有三乐，而王天下不与存焉。"

孟子说："君子有三大快乐，而称王于天下不在这三种快乐之中。父母健在，兄弟平安，这是人生第一大快乐；上无愧于天，下无愧于人，这是人生第二大快乐；得到天下优秀的人才进行教育，这是人生第三大快乐。君子有三大快乐，而称王于天下不在这三种快乐之中。"孟子认为，只要父母还健在，那么做子女的幸福感就超过了那些掌控整个天下的帝王。正因为如此，许多古人宁肯做一个有父母的庶人或低级小吏，也不愿当一个失去父母的高官。刘向《说苑·建本》记载：

> 子路曰："负重道远者，不择地而休；家贫亲老者，不择禄而仕。昔者，由事二亲之时，常食藜藿之实，而为亲负米百里之外。亲没之后，南游于楚，从车百乘，积粟万钟。累茵而坐，列鼎而食，愿食藜藿为亲负米之时，不可复得也。"

孔子的弟子子路富贵之后，深有感触地说："背着重物走远路的人，不论什么样的地方都可以坐下来休息；家里贫穷而父母年老，不论俸禄多少都可以接受下来以供养父母。从前，我在供养父母时，自己经常吃的是野菜、粗粮，而为父母到百里之外去背回来一些稻米。父母去世之后，我到南方楚国游宦，随从的车子有上百辆，家里的积粮有上万钟，坐的是多层垫褥，吃的是山珍海味，然而我现在很想回到吃野菜粗粮、为父母百里背米的时候，可惜再也不可能了。"这个故事还为我们留下一个"累茵之悲"的成语，子路的这一故事也以"百里负米"为题录入《二十四孝》。

作为大孝子的曾子也有同样的感受，《韩诗外传》卷七记载：

> 曾子曰："往而不可还者，亲也；至而不可加者，年也。是故孝子欲养，而亲不待也；木欲直，而时不待也。是故椎牛而祭墓，不如鸡豚逮亲存也。故吾尝仕为吏，禄不过钟釜，尚犹欣欣而喜者，非以为多也，乐其逮亲也；既没之后，吾尝南游于楚，得尊官焉，堂高九仞，榱题三围，转毂百乘，犹北乡而泣涕者，非为贱也，悲不逮吾亲也。故家贫亲老不择官而仕。若夫信其志，约其亲者，非孝也。"

曾子说："离开人世而不再回来的是父母，年龄到了而不能再增加的是寿命。所以孝子虽然想多奉养父母几年，但父母年寿却不会等待子女；想让树木长得更直一些，但矫正的时机已过而无法挽回。因此即使杀牛祭祀父母的坟墓，不如让父母生前能够吃上鸡肉、猪肉。我曾经当过小吏，俸禄极少，但我整日欢欢喜喜，并非认为这点俸禄很多，欢喜的是能够用这点俸禄供养父母；父母去世之后，我曾经到南方楚国游宦，当了高官,住的房屋有数丈高,屋椽的端头有三围那么粗,后面的随从车子有上百辆,然而我还是经常面朝北方家乡而流泪,流泪的原因不是因为自己的地位卑贱,而是因为再也看不到自己的父母了。所以在家庭贫困、父母衰老的时候,只要能够出仕就去出仕;如果为了坚守自己的隐居志向而使父母陷入贫困,并非一种孝敬父母的表现。"

关于"是故孝子欲养,而亲不待也;木欲直,而时不待也"这几句话,有一种更恰当、更简洁的说法是:"树欲静而风不止,子欲养而亲不待。"《韩诗外传》卷九记载:

> 孔子出行,闻哭声甚悲。孔子曰:"驱之!驱之!前有贤者。"至则皋鱼也。被褐拥镰,哭于道傍。孔子辟车与之言曰:"子非有丧,何哭之悲也?"皋鱼曰:"吾失之三矣。少而好学,周游诸侯,以殁吾亲,失之一也。……树欲静而风不止,子欲养而亲不待,往而不可追者年也,去而不可得见者亲也。吾请从此辞矣。"立槁而死。孔子曰:"弟子识之,足以诫矣。"于是门人辞归而养亲者十有三人。

孔子有一次外出,听到前面有哭声,很是悲哀。孔子说:"快点赶车!快点赶车!前边有一位贤人。"到了哭声之处一看,原来是皋鱼。他披着粗布短衣,怀抱着镰刀,在道旁哭泣。孔子下车问他说:"你又没有丧事,为什么哭得这么悲伤呢?"皋鱼说:"我一生做错了三件事情。年少时我爱好学习,周游各国拜师访友,回来时父母已经去世了,这是我的第一个错误。……树欲静而风不止,子欲养而亲不待。逝去就永远追不回来的是时光,去世后就再也见不到面的是父母。请让我从此告别人世吧。"说完就去世了。孔子对弟子们说:"你们这些弟子一定要记住这件事,这足以让人引以为戒了。"于是弟子中辞别孔子回家赡养父母的有十三位。

通过这些事例,我们这些普通"庶人"一定会明白,只要自己的父母安然无恙,我们所获取的慰藉与幸福,就远远超过了那些位高权重而无父母之人!

三才章第七

【题解】

三才，古人把天、地、人合称为"三才"。《周易·说卦》："立天之道，曰阴与阳；立地之道，曰柔与刚；立人之道，曰仁与义。兼三才而两之，故《易》六画而成卦。"本章主要阐述孝行是"天之经，地之义，民之行"的道理，同时强调圣王在这方面要起到表率作用，以便治理好自己的国家。

曾子曰："甚哉^①，孝之大也！"子曰："夫孝，天之经也^②，地之义也^③，民之行也^④。天地之经，而民是则之^⑤。则天之明^⑥，因地之利^⑦，以顺天下^⑧。是以其教不肃而成^⑨，其政不严而治^⑩。先王见教之可以化民也^⑪，是故先之以博爱^⑫，而民莫遗其亲^⑬；陈之以德义^⑭，而民兴行^⑮；先之以敬让，而民不争；导之以礼乐^⑯，而民和睦；示之以好恶^⑰，而民知禁^⑱。《诗》云：'赫赫师尹，民具尔瞻^⑲。'"

【注释】

①甚：盛大，非常。这里形容孝道的内涵博大精深。

②天之经：即"天之道"。上天的永恒规律。经，常规，原则。

③地之义：大地的不变原则。义，合宜的道德、行为或道理。孔子说："义者，宜也。"（《大学·中庸》）

④民之行也：是人们所应该持守的行为准则。民，泛指包括天子至百姓的所有人。先秦时期，"民"与"人"可以交换通用，"民"常常泛指人们、人类。《左传·成公十三年》："民受天地之中以生。"孔颖达疏："民者，人也。言人受此天地中和之气以得生育。"

⑤民是则之：人们因此应该效法天地的规律、原则。是，因此。则，效法。之，代指上句的"天地之经"。

⑥则天之明：效法上天日、月、星的运行规律。则，效法。明，指明亮的日、月、星。古代民众就是根据日、月、星的运行规律来安排自己的农业生产及其他各项活动。

⑦因地之利：凭借大地出产的物产、财富。因，依靠，凭借。

⑧以顺天下：以此使天下的人际关系和顺。以，用，以此。这里是说圣王把天道、地道、人道"三才"融会贯通，以此治理天下，民众关系自然和睦。一说本句的意思是"以此来顺应天下民心"或"以此使天下人心顺从"。

⑨是以其教不肃而成：因此圣王对民众进行教化时，不需要采用严厉的方法就能获得成功。是以，因此。其，代指圣王。肃，严厉。这里指严厉的教育方法。

⑩其政不严而治：圣王在治理国家时，不采用严酷的手段就能够使天下安定祥和。治，治理得好，安定太平。

⑪教之可以化民也：教育可以感化民众。

⑫是故先之以博爱：因此圣王就率先施行博爱的行为。先之，在百姓之先，做百姓的表率。之，代指百姓。

⑬莫遗其亲：没有人遗弃他们的父母。莫，没有人。遗，遗弃，抛弃。亲，父母。"先之以博爱，而民莫遗其亲"讲的是上行下效的道理，详见"解读一"。

⑭陈之：为民众陈述。陈，陈述，讲清楚。之，代指百姓。

⑮兴行：产生仰慕德义之心而且付诸行动。兴，产生。指产生仰慕德义之心。唐玄宗李隆基《孝经注》："人起心而行之。"

⑯导之以礼乐：用礼仪与音乐来引导、教育民众。为什么要用礼乐相配合来引导民众，详见"解读二"。

⑰示之以好恶（è）：要让民众知道什么是善，什么是恶。示，告知，让……知道。之，代指民众。好，美好，善。

⑱禁：禁忌，不该做的事情。

⑲赫赫师尹，民具尔瞻：威严而显赫的太师尹氏啊，民众都在仰望着你啊。赫赫，威严而显赫的样子。师，太师。周代最高行政长官为三公，即太师、太傅、太保。尹，尹氏，具体所指何人不详。具，都。尔瞻，即"瞻尔"。仰望着您。瞻，仰望。尔，你。这两句诗出自《诗经·小雅·节南山》。本章引用这两句诗的目的，是要再次强调领导者的表率作用。

【译文】

曾子说："多么的博大精深啊，孝道真是太伟大了！"孔子说："孝道，就像上天的永恒规律一样，犹如大地的不变原则一般，是人们要永远持守的行为准则。既然孝道是天地的规律与原则，因此人们就应该效法。效法天上日、月、星的运行规律，凭借大地上出产的各种财富，以此来保证天下民众和谐相处。因此圣王在对民众进行教化时，不需要采用严厉的方法就能够获得成功；在对百姓进行行政管理时，不需要采取严酷的手段就能使国家安定太平。先代圣王看到通过教育可以感化民众，所以就率先施行博爱的行为，于是民众就没有人会遗弃自己的父母；先代圣王向民众陈述清楚美德与正义的内涵，于是民众就会产生仰慕德义之心而且付诸行动；先代圣王率先尊敬别人、恭己谦让，于是民众就不会去争名夺利；先代圣王用礼制和音乐去引导教育民众，于是民众就能够和睦相处；先代圣王对民众讲清楚什么是善什么是恶，于是民众就懂得自己不应该去做什么。《诗经·小雅·节南山》说:'威严而显赫的太师尹氏啊,民众都在仰望着你啊。'"

【解读】

一

包括老子、孔子在内的所有古代思想家一致认为,一个国家风气、习俗的好坏,关键在于治国者品德的好坏。老子说:

圣人云:"我无为而民自化,我好静而民自正,我无事而民自富,我无欲而民自朴。"(《道德经·五十七章》)

这段话的意思是:那些善于治国的圣人说:"只要我们这些领导者不去人为干涉,百姓就会自然化育;只要我们这些领导者做到内心清静,百姓就会自然而然地变得品行端正;只要我们这些领导者不去多事,百姓就会自然而然地变得富足;只要我们这些领导者做到无欲,百姓就会自然而然变得淳朴。"曾经跟随老子学习过的孔子对这一观点十分赞赏,《论语·颜渊》记载:

季康子问政于孔子曰:"如杀无道,以就有道,何如?"孔子对曰:"子为政,焉用杀?子欲善而民善矣。君子之德风,小人之德草。草上之风,必偃。"

季康子向孔子请教政事说:"如果采用杀死那些无道坏人的方法,以促使人们去遵守道义,如何?"孔子回答说:"您治理国家,为什么要用杀戮的手段呢?只要您喜欢善良的品德,百姓就会变得善良起来。治国者的品德就像风一样,而百姓的品德就像草一样。草遇上了风,一定会随风倒伏。"

就连处处替统治者着想、以"极惨礉少恩"(《史记·老子韩非列传》)著称的法家人物韩非也不否认上行下效这一普遍社会现象:

为人君者,犹盂也;民,犹水也。盂方水方,盂圆水圆。(《韩非子·外储说左上》)

做君主的人,就好像是盛水的盘盂;民众,就好像是装在盘盂里的水。盘盂是方形的水就会是方形的,盘盂是圆形的水就会是圆形的。

除了以上所述,类似的格言在史书中俯拾即是,如"楚王好细腰,宫中多饿死。"(《后汉书·马援列传》引古谚语)"上有所好,下必甚焉。"(《资治通鉴》卷二百二)"京辇贵大眉,远方皆半额"(《抱朴子外篇·讥惑》)等等。

统治者的品德与好恶引导着社会风气的趋向,这已经为无数的历史事实所证明。对此,《韩非子·外储说左上》讲了一个十分生动的故事:

> 齐桓公好服紫,一国尽服紫。当是时也,五素不得一紫。桓公患之,谓管仲曰:"寡人好服紫,紫贵甚,一国百姓好服紫不已,寡人奈何?"管仲曰:"君欲止之,何不试勿衣紫也? 谓左右曰:'吾甚恶紫之臭。'于是左右适有衣紫而进者,公必曰:'少却,吾恶紫臭。'"公曰:"诺。"于是日,郎中莫衣紫;其明日,国中莫衣紫;三日,境内莫衣紫也。

齐桓公喜欢穿紫色的衣服,结果使紫色布帛的价格奇贵。为了扭转这种极不正常的现象,齐桓公在管仲的劝告下,脱下了自己所喜爱的紫色衣服,并表示出对紫色衣服的厌恶,于是三日之内,齐国就没有人再去穿紫色衣服了。这个故事虽然有点夸张,但它要说明的道理却是正确的。

二

本书多次提到要保证民众关系的和谐,而礼制就成为维持社会和谐必不可少的重要工具。关于礼法制度在社会生活中的作用,《荀子·王制》讲得十分清楚:

> (人)力不若牛,走不若马,而牛马为用,何也? 曰:人能群,彼不能群也。人何以能群? 曰:分。分何以能行? 曰:义。故义以分则和,和则一,一则多力,多力则强,强则胜物。……故人生不能无群,群而无分则争,争则乱,乱则离,离则弱,弱则不能胜物。

荀子认为,人,论力气不如牛,论速度不如马,然而牛马却被人们所使用,其原因就在于人们能够团结一致(即文中说的"群")。那么人们为什么能够团结一致呢？靠的就是把人们分为不同的等级（即文中说的"分"），人们就是按照各自不同的等级来获取不同的权利，履行不同的义务。而划分等级的标准就是人们制定的包括礼制在内的各种原则。一个国家，甚至一个家庭，如果没有礼仪制度，要想维持社会的稳定和人际关系的和谐，是不可想象的事情。社会和谐是目的，而礼制就是维持和谐的工具之一，所以《论语•学而》说："礼之用，和为贵。"

但从荀子这段话也可以看出，礼仪的作用主要是"分"，如果过分强调礼节，就会造成人与人之间的疏远，因此还需要乐对礼仪的这一弊端进行中和：

> 乐者为同，礼者为异。同则相亲，异则相敬。乐胜则流，礼胜则离。合情饰貌者，礼乐之事也。礼义立，则贵贱等矣；乐文同，则上下和矣。（《礼记•乐记》）

这段话意思是：由于音乐能够表达人们的共同情感，所以音乐的作用是可以增进人与人之间的同一性，而礼仪的作用则是辨别人与人之间的差异性。有了同一性，人与人就会彼此亲爱；有了差异性，人与人就会相互尊敬。过分强调音乐相互亲爱的一面，就会使人们的行为放任自流；过分强调礼仪相互尊敬的一面，就会导致人们离心离德。把人们相互亲爱的真实情感与进退合仪的外部行为完美地结合起来，这就是制定礼与乐的目的。礼仪原则建立了，就能够划分出贵贱等级；音乐声调统一了，那么上下关系就和睦了。简言之，礼仪的作用就是分别人与人的贵贱差别，也即"为异"；而音乐的作用就是促使人与人之间的关系亲密，也即"为同"。礼与乐相辅相成，保证人们的关系能够处于一个既相互区别又相互亲爱的平衡点上。这也是本章强调"导之以礼乐"的原因所在。

关于礼导致人际关系疏远的事例，可参阅"圣治章"的"解读一"。

孝治章第八

【题解】

孝治，以孝道去治理国家，教化百姓。本章分别论述了天子、诸侯、大夫以孝道治理各自辖区的内涵与效应，主要内容就是提醒他们要厚待自己的属下，以此赢得属下的支持与拥戴，从而使自己能够顺利传承先祖的基业并能够世代祭祀先祖。本章对后世影响极大，历代帝王无不接受本章的观念，都标榜自己是以孝治天下。

子曰："昔者明王之以孝治天下也①，不敢遗小国之臣②，而况于公、侯、伯、子、男乎③！故得万国之欢心④，以事其先王⑤。治国者⑥，不敢侮于鳏寡⑦，而况于士民乎⑧！故得百姓之欢心，以事其先君⑨。治家者⑩，不敢失于臣妾⑪，而况于妻子乎⑫！故得人之欢心⑬，以事其亲。夫然⑭，故生则亲安之⑮，祭则鬼享之⑯，是以天下和平，灾害不生，祸乱不作⑰。故明王之以孝治天下也如此⑱。《诗》云：'有觉德行，四国顺之⑲。'"

【注释】

①明王：圣明的天子。王，这里指天子，与下文的诸侯相对。周天子称"王"。以孝治天下：用孝道来治理整个天下，教化百姓。这一思想对后世影响极大，后来历代王朝都标榜自己是以孝治天下，比如汉代，帝号前多加"孝"字，汉文帝号"汉孝文帝"，汉武帝号"汉孝武帝"，其后的王朝无不如此，如晋惠帝号"晋孝惠帝"，唐高宗号"天皇大圣大弘孝皇帝"，明成祖号"……纯仁至孝文皇帝"等等。

②不敢遗小国之臣：不敢怠慢那些弱小诸侯国的大夫。遗，放弃，忽略。这里引申为怠慢。一说"小国之臣"指小国派来的使臣。弱小诸侯国的大夫很容易被天子忽略，受到天子的怠慢，而明王对这些大夫都能够以礼相待，那么明王对待各国诸侯的态度就会更加尊重了。这也即《天子章》讲的"爱亲者，不敢恶于人；敬亲者，不敢慢于人"。

③公、侯、伯、子、男：周朝分封诸侯的五等爵位。关于五等爵位，古人的说法稍有不同。《孟子·万章下》认为五等爵位是："天子一位，公一位，侯一位，伯一位，子、男同一位，凡五等也。"《国语·周语中》载周襄王语："昔我先王之有天下也，规方千里以为甸服……其余以均分公、侯、伯、子、男，使各有宁宇，以顺及天地，无逢其灾害，先王岂有赖焉。"如鲁国为公爵，曾国为侯爵，曹国为伯爵，楚国为子爵，许国为男爵。后来不少诸侯国僭称为"公"，甚至僭称为"王"。

④万国：指天下所有的诸侯国。万，泛指数量之多。国，天子治理的地方叫"天下"，包括天子直接管理的王畿地区，也包括各诸侯国；诸侯的封地叫"国"。

⑤以事其先王：因此能够继承先祖的王位并世代祭祀先祖。先王，在古籍中，"先王"通常有两种用法，一是指历史上的圣王，如尧、

舜、禹、商汤、周文王、周武王等，二是指帝王们已经去世的父、祖，如周武王及其大臣可以称武王的父亲周文王、祖父王季为"先王"。这里的"先王"含义指后者，也即"明王"的先祖。

⑥治国者：指诸侯。"治国者"比"治天下者"低了一个等级。

⑦鳏（guān）寡：老而无妻叫"鳏"，老而无夫叫"寡"。后来统称没有妻子的人叫"鳏"，丧夫者叫"寡"。《孟子·梁惠王下》："老而无妻曰鳏，老而无夫曰寡，老而无子曰独，幼而无父曰孤，此四者，天下之穷民而无告者。文王发政施仁，必先斯四者。"

⑧士民：士人与平民。士，这里指低级贵族、普通官员或读书人。

⑨先君：指诸侯已故的父、祖。"先君"比"先王"低了一个等级。

⑩治家者：指卿、大夫。家，指卿、大夫的封地。把这里的"家"理解为家庭也可。"治家者"比治国者又低了一个等级。

⑪不敢失于臣妾：不敢失去奴隶们的支持、欢心。也即不敢得罪于奴隶，以免受到奴隶的反对。古文本《孝经》在"臣妾"下有"之心"二字。臣妾，指家内的奴隶，男性奴隶叫"臣"，女性奴隶叫"妾"。也可泛指卑贱者。

⑫妻子：妻子与儿女。子，泛指儿女。先秦时期儿子与女儿都可称为"子"。

⑬人：泛指臣妾、妻子与周边的人。

⑭然：代词。这样。代指以上所说的天子、诸侯、大夫的尽孝行为。

⑮生则亲安之：父母在世时，能够安心地享受着因子女孝敬带来的幸福生活。

⑯祭则鬼享之：父母去世后，他们的灵魂也能够高高兴兴地享受着子女祭祀时献上的祭品。鬼，指已故父母的灵魂。之，代指祭品。古人称自然神为"神"，如天神地祇、山川之神等等，称人死后的灵魂为"鬼"。关于祭祀父母的问题，详见"解读"。

⑰作：产生，出现。

⑱此：代指"天下和平……祸乱不作"这一太平景象。

⑲有觉德行，四国顺之：天子有非常高尚的德行，四方各国都归顺于他。有，形容词词头。无义。觉，大，高尚。《广雅·释诂一》："觉，大也。"四国，四方之国。这里泛指天下。这两句诗出自《诗经·大雅·抑》。

【译文】

孔子说："从前那些圣明的天子以孝道治理天下的时候，他们就连弱小诸侯国的大夫都不敢怠慢，更何况对待公、侯、伯、子、男这些诸侯本人呢！因此这些圣明天子就能够得到各国诸侯的爱戴和拥护，能够顺利继承先祖的王位并世代祭祀先祖。那些治理各自封地的诸侯，就连鳏夫和寡妇都不敢轻慢和欺侮，更何况对待士人和平民呢！因此这些诸侯就能够得到百姓的爱戴和拥护，能够顺利继承先祖的君位并世代祭祀先祖。那些治理各自封地的卿、大夫，他们就连奴婢僮仆都不敢怠慢，更何况对待自己的妻子、儿女呢！因此这些卿、大夫就能够得到人们的爱戴和拥护，能够顺利继承父母的家业并侍奉、祭祀自己的父母。正因为天子、诸侯、大夫们能够做到这些，所以当他们的父母在世的时候，能够安心地享受着因子女孝敬带来的幸福生活；父母去世以后，他们的灵魂也能够高高兴兴地享受子女的祭品，因此整个天下安定祥和，各种自然灾害不会发生，各种人为祸乱也不会出现。圣明的天子以孝道治理天下，因此会出现这样的太平景象。《诗经·大雅·抑》说：'天子具备了高尚的道德和行为，四方之国无不仰慕归顺。'"

【解读】

以孔子为首的儒家非常重视对祖先的祭祀，提出了对后世影响极大的"慎终追远"思想。《论语·学而》记载：

曾子曰："慎终，追远，民德归厚矣。"

曾子说："谨慎地处理丧事，真诚地怀念先祖，就能够使百姓的品德变得忠厚。"从这段话中不难看出，"慎终追远"是方法，是因，而"民德归厚"是目的,是果。儒家特别重视葬礼与祭礼,目的还是为了教化民众。后来一些儒生打着孔子的旗号主张厚葬,受到墨家的激烈反对。实际上,厚葬并不符合孔子思想。《说苑·辨物》记载:

> 子贡问孔子:"死人有知无知也?"孔子曰:"吾欲言死者有知也,恐孝子顺孙妨生以送死也;欲言无知,恐不孝子孙弃不葬也。赐,欲知死人有知将无知也,死徐自知之,犹未晚也。"

当弟子子贡请教人死后有没有知觉、也即有没有灵魂时,孔子坦率地回答:"我如果说人死后有知觉,就担心孝顺子孙为了死去的长辈花钱过多而妨碍了活人的生活;我如果说人死后没有知觉,又担心不孝的子孙连父母的尸体都不肯埋葬。赐啊,死人有没有知觉,等你死后就会慢慢知道了,那时候知道也不算晚啊。"对于人死后有知还是无知,也即有没有灵魂,孔子并不在意,而是立足于现实生活,怎么讲对教化人们有利就怎么讲。

从这里可以看出,孔子对待祭祖这件事情,依然持中庸原则,既要考虑子孙对待先祖的态度,也要考虑子孙的物质生活保障问题。

圣治章第九

圣治，圣明君主对天下的治理。本章再次强调，圣明君主治理天下时，最重要的原则就是孝敬父母；而圣明君主孝敬父母的最高境界就是治理好整个天下，从而使自己的先祖能够陪祀天帝。本章接着进一步指出，儿女对父母的孝，是发自天性，如果君主能够顺应着人们的这一天性去因势利导，就会事半功倍，就能够使民众和睦相处，使天下太平安定。

曾子曰："敢问圣人之德①，无以加于孝乎②？"子曰："天地之性，人为贵③。人之行，莫大于孝。孝莫大于严父④，严父莫大于配天⑤，则周公其人也⑥。昔者，周公郊祀后稷以配天⑦，宗祀文王于明堂⑧，以配上帝⑨。是以四海之内⑩，各以其职来祭⑪。夫圣人之德，又何以加于孝乎？故亲生之膝下⑫，以养父母日严⑬。圣人因严以教敬⑭，因亲以教爱。圣人之教，不肃而成，其政不严而治，其所因者本也⑮。父子之道⑯，天性也，君臣之义也⑰。父母生之，续莫大焉⑱。君亲临之⑲，厚莫重焉⑳。故不爱其亲而爱他人者，谓之悖德㉑；不敬其亲而敬他人者，谓之悖礼。以顺则逆㉒，民无则焉㉓。

不在于善㉔，而皆在于凶德㉕，虽得之㉖，君子不贵也㉗。君子则不然，言思可道㉘，行思可乐㉙，德义可尊，作事可法㉚，容止可观㉛，进退可度㉜，以临其民㉝，是以其民畏而爱之㉞，则而象之㉟。故能成其德教，而行其政令。《诗》云：'淑人君子，其仪不忒㊱。'"

【注释】

①敢：谦辞。类似于今天"冒昧"的意思。

②无以加于孝乎：没有什么品行比孝行更为重要的吗？无以，没有什么事物、品行。加于，在……之上，比……更重要。

③天地之性，人为贵：在天地间的所有生物中，人是最为高贵的。性，性命，生灵。这里指所有的生物。《荀子·王制》："水火有气而无生，草木有生而无知，禽兽有知而无义，人有气、有生、有知，亦且有义，故最为天下贵也。"

④严父：尊敬父亲。严，尊敬。另外，古人谓父严母慈，父亲待儿女较为严厉，母亲待儿女较为慈爱，所以人们也称父亲为"严父"。

⑤严父莫大于配天：对父亲的尊敬，没有什么能够比得上在祭天之时让父亲及先祖有资格陪侍天帝一起接受祭祀。配，即陪祀。祭祀时，在主要祭祀对象之外，附带祭祀其他对象，称为"配祀"或"配享"。如古人在祭祀孔子时，让颜回、曾子等弟子陪祀。

⑥则周公其人也：那么周公就是这样的孝子。周公，生卒年不详，姓姬，名旦，周文王之子，周武王之弟，周成王之叔。周公为西周开国元勋，是杰出的政治家、军事家、思想家、教育家。武王去世后，成王年幼，周公摄政，他制礼作乐，为西周典章制度的主要创制者，受到孔子的崇拜。

⑦郊祀：古代帝王于郊外祭祀天地，南郊祭天，北郊祭地。郊谓大

祀，祀为群祀。后稷：周民族的始祖，名弃，据说他善于农耕。

⑧宗祀文王于明堂：聚集宗族成员于明堂祭祀周文王。宗祀，又叫"庙祭"，即聚集宗族成员以祭祀祖先。宗，宗族。文王，即周文王，姓姬名昌，商朝时封为西伯。史书记载周文王推行仁义，礼敬贤人，尊老爱幼，从而使周国逐渐强大，为日后周武王灭商奠定了基础。明堂，是古代帝王所建的最重要的建筑物，是召见诸侯、发布政令、祭祀天地与祖宗的地方。

⑨以配上帝：在祭祀上帝的时候，以父亲周文王陪祀上帝。

⑩是以：因此。四海之内：这里具体指整个天下的诸侯。

⑪各以其职来祭：各自按照自己的职位与等级来参加祭祀。关于"各以其职来祭"的事例与利弊，见"解读一"。

⑫故亲生之膝下：因此对待父母的亲爱之情产生于幼年时期。亲，亲爱，亲情。膝下，膝盖之下。这里代指嬉戏于父母膝下的儿童时期。

⑬日严：一天比一天更加尊敬父母。严，尊敬。

⑭圣人因严以教敬：圣人顺应着子女对父母尊敬的天性，引导他们去进一步地尊敬父母。因，顺应。严，尊敬，这里指尊敬父母的天性。

⑮其所因者本也：圣人所顺应的是人的最根本的天性。因，顺应。本，本性，天性。这里具体指孝顺父母的天性。

⑯父子之道：父子之间相亲相爱的关系。古人认为，这种相亲相爱的关系来自大道，是大道赋予人们的天性。

⑰君臣之义也：君臣之间的原则。义，原则。

⑱父母生之，续莫大焉：父母生养了儿女，儿女承续父母的血缘与衣钵，这是最重要的事情。

⑲君亲临之：（父亲）既以君主的身份又以父亲的身份对待子女。换言之，父亲在子女面前，既要有君主的尊严，也要有父亲的慈爱；反过来，儿女对待父亲既要有亲爱之情，又要有尊敬之心。

⑳厚莫重焉：这是人伦中最为重要的关系。

㉑悖（bèi）德：违背常理的品德。悖，违背，违反。关于"不爱其亲而爱他人者，谓之悖德"，见"解读二"。

㉒以顺则逆：是"以之顺天下则逆"的省略。如果用"悖德"和"悖礼"来训导民众，就会是非颠倒、黑白不分。顺，通"训"。训导，教育。朱骏声《说文通训定声·屯部》："顺，假借为训。"

㉓无则：没办法去效法他们。则，效法。以上两句，古文本《孝经》作："以训则昏，民亡则焉。"

㉔不在于善：不行善事。也即不行孝道。在于，处身于。

㉕而皆在于凶德：而一切言行都属于凶恶的品行。

㉖虽得之：即使能够获取一些名利。虽，即使。之，代指名利。

㉗不贵：不会看重他们。贵，赞扬，看重。以上两句意思是，那些品行不端的人即使获取了名利，君子依然鄙视他们。

㉘言思可道：讲话时要考虑这些话是可以讲的。道，道说，谈论。

㉙行思可乐：做事时要考虑到这些事情能够获取民众的欢心。

㉚作事可法：所作所为值得民众效法。

㉛容止可观：容貌举止值得民众观瞻。止，行至，举止。

㉜进退可度：一举一动可以成为法度。

㉝以临其民：用这样的方式去统领民众。以，用。后省略"之"字。临，面对，自高处监临下方。这里引申为"统领"。

㉞畏：敬畏。

㉟则而象之：效法这些君子。则，效法。象，效法，模仿。

㊱淑人君子，其仪不忒（tè）：那些品德美好的君子，他们的仪态举止没有任何差错。淑，美好，善良。仪，仪容，举止。忒，差错。这两句诗出自《诗经·曹风·鸤鸠》。

【译文】

曾子说："请允许我冒昧地提个疑问，在圣人的所有德行中，难道就

没有比孝行更为重要的吗？"孔子说："在天地之间的所有生灵中，人是最
为尊贵的。在人的所有品行中，没有哪一样品行比孝行更为重要的了。
在所有的孝行之中，没有哪一样孝行比尊敬父亲更为关键的了。对父亲
的尊敬，没有什么比得上在祭天之时能够让父亲及先祖有资格陪侍天帝
一起接受祭祀的了，而周公就是能够做到这一点的孝子。从前，周公在
都城郊外祭祀上天时，以周民族的始祖后稷陪祀天帝；在聚集宗族成员
于明堂进行祭祀时，以父亲周文王陪祀上帝。因此整个天下的所有诸侯
都愿意按照各自的职位与等级前来参加祭祀。在圣人的所有德行之中，
又有哪一种德行比孝行更为重要的呢？子女对于父母的亲爱之情，产生
于在父母膝下嬉戏的幼年时期；日后就以这种亲爱之情奉养父母，一天
比一天地更加尊敬父母。圣人就顺应着子女尊敬父母的天性，引导他们
去进一步地尊敬父母；顺应着子女爱护父母的天性，教导他们去进一步
地爱护父母。因此圣人在教化民众时，不需要采取严厉的方法就能够获
得成功；在推行行政管理时，不需要采用严酷的手段就能够使天下安定
太平，这是因为他们能够顺应人们孝敬父母的本性去引导民众。父子之
间相亲相爱的关系，是出自人类天生的本性，同时也体现出了君臣关系
的原则。父母生养了儿女，儿女承续父母的血缘与衣钵，这是最为重要
的事情。父亲在儿女面前兼具君王和父亲的双重身份，这是人伦中最为
重要的关系。如果做儿女的不爱自己的父母而去爱其他的人，这就叫违
背了美德；如果做儿女的不去尊敬自己的父母而去尊敬其他的人，这就
叫违背了礼法。如果有人用违背美德和违背礼法的言行去教化民众，那
就会导致是非颠倒、黑白不分，民众就没有办法去效法他们。有些人不
能具备善德带头行孝，而全部是去做一些不善不孝的事情，即使他们能
够获取一些名利，君子也照样鄙视他们。君子的言行就不是那样，君子
讲话时要考虑这些话是可以讲的，做事时要考虑到这些事情能够获取民
众的欢心，君子的品德和原则值得民众尊敬，君子的所作所为值得民众
效法，他们的容貌举止值得民众观瞻，他们的一举一动都可以成为法度，

君子能够像这样去统领民众，那么民众就会敬畏他们、爱戴他们，也会去仿效他们、学习他们。因此君子就能够顺利地推行他们的道德教育，使他们的政令能够顺畅地得到贯彻执行。《诗经·曹风·鸤鸠》说：'那些品德美好的君子，他们的仪态举止没有任何差错。'"

【解读】

一

"各以其职来祭"，实际上涉及古代礼制的问题。我们仅举一例，从中可以看出"各以其职来祭"的利与弊。

据《史记·楚世家》记载，楚王为芈姓、熊氏，其先祖出自黄帝之孙帝高阳。到了鬻熊的时候，周文王尊其为师。到了鬻熊曾孙熊绎时，周成王追念鬻熊的功劳，于是封熊绎为子爵，正式建立楚国。据《清华简·楚居》记载，楚人立国之初，不仅地处蛮荒，而且极为贫穷，在举行祭祀时，因一无所有，只好跑到相邻的鄀国偷盗一头小牛做祭品。后来，周成王在岐阳（岐山的南边，岐山在今陕西岐山县东北）举行诸侯大会时，熊绎作为低等诸侯，也赶来参会。关于熊绎在大会期间的待遇，《国语·晋语八》是这样记载的：

> 昔成王盟诸侯于岐阳，楚为荆蛮，置茅蕝，设望表，与鲜牟守燎，故不与盟。

在这次大会上，由于熊绎的地位低下，而且还被视为蛮夷，于是就被安排去做三件事情：一是置茅蕝，也即把茅草捆树立在祭坛前，然后把酒浇灌在茅草捆上，让酒慢慢渗下，象征神灵饮用了这些酒。二是设望表，就是设置标杆，以标出所要祭祀的山川的方位。三是到了晚上，熊绎就与另外一位少数民族鲜牟族的首领一起蹲在外面看守篝火。由于地位低下，自始至终，熊绎都没有能够正式参加其他公、侯的会盟。

这就体现了"各以其职来祭"。熊绎大概还是尽心尽力地完成了周王朝分派给自己的这些带有服务性质的工作，但如此低等的待遇，对熊绎及其后人的心理刺激应该是相当深刻的。在这之后，熊绎就带领楚人开始了"筚路蓝缕,以处草莽;跋涉山林,以事天子"(《左传·昭公十二年》)的艰苦创业,但楚人从未忘记这次岐阳之会上的糟心待遇,所以到了熊绎四世孙熊渠时,就公开声称:"我蛮夷也,不与中国之号谥。"既然周王朝视我为蛮夷,那么我就以蛮夷的态度去对待周王朝,于是"立其长子康为句亶王,中子红为鄂王,少子执疵为越章王。"(《史记·楚世家》)熊渠竟然把自己的三个儿子全部封为王,在称号上与周天子平起平坐了,这无疑是对周天子的一种羞辱性报复。后来熊渠担心周厉王的讨伐,又取消了儿子们的王号。到了楚武王熊通的时候,楚国进一步强大,熊通便公开威胁周王朝:"我蛮夷也。今诸侯皆为叛相侵,或相杀。我有敝甲,欲以观中国之政,请王室尊吾号。"公开向周王朝讨要尊号,遭到周王朝的拒绝后,熊通极为愤怒地说:"吾先鬻熊,文王之师也,蚤终。成王举我先公,乃以子男田令居楚,蛮夷皆率服,而王不加位,我自尊耳。"(《史记·楚世家》)周王朝不给尊号,那就自立尊号,于是熊通自称为王,从此之后的楚君一直以"王"为号。到了楚庄王时,更是发生了问鼎周王朝的事件:"楚王问鼎小大轻重,(王孙满)对曰:'在德不在鼎。'庄王曰:'子无阻九鼎!楚国折钩之喙,足以为九鼎。'"(《史记·楚世家》)楚庄王问鼎周室,表现出对周王朝权威的极大蔑视。

我们在"三才章"中谈到礼的作用就是"分",即区分人的高下贵贱。如果过分强调高下贵贱的区别,就会造成人与人之间关系的疏远。周王朝安排熊绎去看守篝火,本来也符合当时的礼制,然而却对楚人的心理造成了严重的伤害,以至于使楚人成为第一个起来激烈反抗、破坏周礼的人。这些历史事实提醒我们,礼是一把双刃剑,它在维护社会安定的同时,也潜伏着破坏社会安定的诱因。

二

对父母要爱,对别人的父母也要爱。对此,先秦各家均无异议,但在安排如何爱的程序上,儒家与墨家存在极大差别。孔子主张以"仁者人也,亲亲为大"(《礼记·中庸》)为基础的仁爱,也即孟子说的"老吾老,以及人之老"(《孟子·梁惠王上》),先爱自己的父母,再把对自己父母的爱心推广到其他人的父母身上。而墨子不同,他主张对待自己的父母与对待别人的父母一视同仁,无论就次序而言,还是就程度而言,都要给予同样的爱,这就是墨家的"兼爱"思想。对此,孟子大不以为然:

> 杨氏为我,是无君也;墨氏兼爱,是无父也。无父无君,是禽兽也。(《孟子·滕文公下》)

杨朱只知道爱自身,他"拔一毛而利天下,不为也"(《孟子·尽心上》),不愿为君主献身,因此说他"无君";墨子在施爱的时候毫无差等,把自己的父母等同于他人,因此说他"无父"。而无父无君之人,不过是禽兽而已。应该说,孟子对杨朱、墨子的谩骂虽然有点过分,但"亲亲"的主张的确更近乎人情,与本章说的"故不爱其亲而爱他人者,谓之悖德;不敬其亲而敬他人者,谓之悖礼"思想一脉相承。

纪孝行章第十

【题解】

　　纪孝行，记载、阐述孝行的内容。纪，通"记"。《释名·释言语》："纪，记也，记识之也。"孝行主要有两大内容，一是日常要表现出对父母的恭敬，供养父母衣食时要表现出自己的欢悦，父母生病时要表现出自己的忧愁，父母去世时要表现出自己的哀伤，祭祀父母时要表现出自己的严肃认真。二是要做到在上位不傲慢，在下位不犯上作乱，与地位等同之人相处时不争夺，目的是为了保护好自身安全，以便能够为父母行孝。

　　子曰："孝子之事亲也，居则致其敬^①，养则致其乐^②，病则致其忧^③，丧则致其哀^④，祭则致其严^⑤，五者备矣，然后能事亲。事亲者，居上不骄^⑥，为下不乱^⑦，在丑不争^⑧。居上而骄则亡，为下而乱则刑^⑨，在丑而争则兵^⑩。三者不除，虽日用三牲之养^⑪，犹为不孝也^⑫。"

【注释】

　　①居则致其敬：日常家居，要充分地表现出对父母的恭敬。居，平
　　　日家居。致，尽，极。这里指竭尽全力去做到对父母的恭敬。《论

纪孝行章第十

【题解】

　　纪孝行，记载、阐述孝行的内容。纪，通"记"。《释名·释言语》："纪，记也，记识之也。"孝行主要有两大内容，一是日常要表现出对父母的恭敬，供养父母衣食时要表现出自己的欢悦，父母生病时要表现出自己的忧愁，父母去世时要表现出自己的哀伤，祭祀父母时要表现出自己的严肃认真。二是要做到在上位不傲慢，在下位不犯上作乱，与地位等同之人相处时不争夺，目的是为了保护好自身安全，以便能够为父母行孝。

　　子曰："孝子之事亲也，居则致其敬[1]，养则致其乐[2]，病则致其忧[3]，丧则致其哀[4]，祭则致其严[5]，五者备矣，然后能事亲。事亲者，居上不骄[6]，为下不乱[7]，在丑不争[8]。居上而骄则亡，为下而乱则刑[9]，在丑而争则兵[10]。三者不除，虽日用三牲之养[11]，犹为不孝也[12]。"

【注释】

　　①居则致其敬：日常家居，要充分地表现出对父母的恭敬。居，平
　　　日家居。致，尽，极。这里指竭尽全力去做到对父母的恭敬。《论

语·为政》："子游问孝，子曰：'今之孝者，是谓能养。至于犬马，皆能有养；不敬，何以别乎？'"子游向孔子请教孝道，孔子回答说："现在的人们所说的孝，就是能够养活父母。至于犬马，人们都能够去养活它们；如果不尊敬父母，那么养活父母与养活犬马又有什么区别呢？"

②养则致其乐：奉养父母饮食时，要充分地表达出自己照顾父母的欢乐。《论语·为政》："子夏问孝，子曰：'色难。有事，弟子服其劳；有酒食，先生馔，曾是以为孝乎？'"子夏向孔子请教孝道，孔子说："在父母面前保持和颜悦色是件难事。有了事情，年轻人去承担劳苦；有了酒食，年长者享用，这怎么能够算是孝呢？"

③病则致其忧：父母生病时，要充分表达出对父母健康的忧虑关切。《论语·为政》："孟武伯问孝，子曰：'父母唯其疾之忧。'"孟武伯向孔子请教孝道，孔子说："对待父母，最担忧的事情就是他们的疾病。"

④丧则致其哀：父母去世时，要充分地表现出自己的悲伤哀痛。《论语·八佾》："林放问礼之本。子曰：'大哉问！礼，与其奢也，宁俭；丧，与其易也，宁戚。'"林放向孔子请教礼的根本，孔子说："这个问题太重要了！施行礼仪，与其奢侈浪费，宁可节俭一些；处理丧事，与其礼仪周全，宁可悲伤一些。"

⑤祭则致其严：祭祀父母的时候，要充分表达出自己的严肃认真态度。《论语·八佾》："祭如在，祭神如神在。子曰：'吾不与祭，如不祭。'"祭祀父母时就好像父母真的在那里一样，祭祀神灵的时候就好像神灵真的在那里一般。孔子说："如果我没有亲自参与（自己应该参与的）祭祀，这样的祭祀等于自己没有祭祀。"关于"祭如在"，《礼记·祭义》有一个生动的描述："祭之日，入室，僾然必有见乎其位；周还出户，肃然必有闻乎其容声；出户而听，忾然必有闻乎其叹息之声。"大意是，到了祭祀父母的那一天，一

进入父母曾经居住过的内室,就好像隐隐约约地看见父母坐在那里;当走出内室到大堂祭拜父母的神主时,就好像看到了父母的面容,听到了父母的声音;祭拜结束,与父母神主拜别走出大门时,就好像听到父母在那里为分别而叹息。

⑥居上:占据上位,也即地位高贵。

⑦为下:处于下位,也即地位低贱。

⑧在丑不争:与地位平等的人相处时,不与他们发生争夺。丑,地位同等的人。《礼记·曲礼上》:"凡为人子之礼,冬温而夏清,昏定而晨省,在丑、夷不争。"孙希旦《礼记集解》:"郑氏曰:丑,众也。夷犹侪也。孔氏曰:丑、夷,皆等类之名。贵贱相临,则有畏惮,朋侪等辈,喜争胜负,忘身及亲,故戒之。"意思是,人们面对上级时,还有所忌惮,而最容易与地位相等的人发生争夺,这样就会牵连父母,所以特别告诫做儿女的不要与地位相等的人们争名夺利。

⑨刑:用作动词。受到刑法的惩处。

⑩兵:兵器。用作动词,动用兵器,相互残杀。关于"居上不骄,为下不乱,在丑不争"的原因,见"解读一"。

⑪三牲:指牛、羊、猪三种肉。这里泛指丰盛的美食。先秦时,宴会或祭祀时并用牛、羊、猪三牲,叫"太牢";只用猪、羊而无牛,则称"少牢"。

⑫犹:依然,仍然。本章的最后两句,成就了中国历史上的一位著名学者,见"解读二"。

【译文】

孔子说:"孝子侍奉自己的父母,在平时家居的时候,要充分表现出自己对父母的恭敬;在供养父母衣食的时候,要充分表现出自己照顾父母的快乐;在父母生病的时候,要充分表现出对父母身体的担忧关切;在父母去世的时候,要充分表现出自己的悲伤哀痛;在祭祀父母的时候,要充分表现出自己的严肃认真态度。这五个方面能够全部做到，然后才算是能够侍奉父母尽了孝道。孝子侍奉父母，要做到身居高位的时候，不傲慢放肆；在为人下级的时候，不犯上作乱；在与地位相等的人相处的时候，不与他们争斗。身居高位而傲慢放肆，就会导致自身的灭亡；为人下级而犯上作乱，就会受到刑罚；与地位相等的人争斗不休，就会动用兵器，相互残杀。如果这三种行为不能消除，即使每天都用牛、羊、猪三牲的美味佳肴去供养父母，那仍然不能算是行孝。"

【解读】

一

孔子非常强调"居上不骄，为下不乱，在丑不争"的尽孝原则，认为做不到这三点，即使对父母供养得再周全，也不能算是行孝，为什么要这样说呢？因为只有保证自身的安全，才能够使父母安心，也才能够使自己尽孝于父母。

春秋时期的管仲辅佐齐桓公成就霸业，是杰出的政治家，然而他曾三次参加战斗而三次败逃，他自己说：

> 吾始困时，尝与鲍叔贾（合伙做生意），分财利多自与，鲍叔不以我为贪，知我贫也。吾尝为鲍叔谋事而更穷困，鲍叔不以我为愚，知时有利不利也。吾尝三仕三见逐于君，鲍叔不以我为不肖，知我不遭时也。吾尝三战三走，鲍叔不以我为怯，知我有老母也。……生我者父母，知我者鲍子也！（《史记·管晏列传》）

管仲说，自己虽然三次参加战斗三次败逃，但鲍叔牙（即文中的鲍叔）并不认为自己胆怯，因为他知道我这样做是为了孝敬自己的母亲。管仲讲这段话的目的，主要是说明他与鲍叔牙的相知之深，但所列举的事实告诉我们，为了父母，即使临阵逃跑，也会得到时人的谅解。

聂政是战国时期的一名侠客，他原为轵（在今河南济源）人，因除害杀人而与母亲及姐姐聂荣避祸于齐地（在今山东境内），以屠宰为业。韩国大夫严仲子与韩相侠累结仇，当他听到聂政的侠名后，便献巨金为

其母祝寿,并与聂政结为好友,求他为自己报仇。聂政拒绝说:

> 臣幸有老母,家贫,客游以为狗屠,可以旦夕得甘毳以养亲。亲
> 供养备,不敢当仲子之赐。……老母在,政身未敢以许人也。(《史
> 记·刺客列传》)

聂政拒绝严仲子说:"我非常幸运,老母亲还健在,我家境贫寒,客居
他乡做屠狗的营生,可以早晚得到一些甘甜脆软的食物奉养老母亲。老
母亲现在衣食不缺,我不敢接受您的馈赠。……老母亲健在,我聂政不
敢答应把自己的生命献给别人。"为了供养母亲,聂政虽然拒绝了严仲
子的请求,但也被其知遇之恩所感动。所以在母亲去世之后,聂政为母
亲守孝三年,然后独自一人仗剑入韩国都城,当众刺杀侠累于相府之内,
继而又格杀侠累侍卫数十人。因为担心连累自己的姐姐,聂政接着以剑
自毁其面,挖掉自己的眼睛,剖腹自杀。他的姐姐到韩国寻认弟弟尸体,
伏尸痛哭,因悲伤过度,死于聂政尸前。

聂政不过是一介刺客,他的刺杀行为也未必就值得赞扬,但他也懂
得"老母在,政身未敢以许人也"的道理。这些历史事实告诉我们,保护
好自身的安全,是我们能够尽孝的前提。

二

皇甫谧(215—282)是晋代的大学者,先后编撰了《针灸甲乙经》
《历代帝王世纪》《高士传》《逸士传》《列女传》《玄晏先生集》等书,在
医学史和文学史上都负有盛名。皇甫谧就是在"虽日用三牲之养,犹为
不孝也"这两句话的激励下,由一个顽皮的青少年逐步变为一位青史留
名的著名学者。《晋书·皇甫谧列传》记载:

> 皇甫谧字士安,幼名静,安定朝那人,汉太尉嵩之曾孙也。出后
> 叔父,徙居新安。年二十,不好学,游荡无度,或以为痴。尝得瓜果,
> 辄进所后叔母任氏。任氏曰:"《孝经》云:'三牲之养,犹为不孝。'
> 汝今年余二十,目不存教,心不入道,无以慰我。……修身笃学,自
> 汝得之,于我何有!"因对之流涕。谧乃感激,就乡人席坦受书,勤

力不怠。居贫,躬自稼穑,带经而农,遂博综典籍百家之言。沉静寡欲,始有高尚之志,以著述为务,自号"玄晏先生"。

皇甫谧是安定朝那(在今甘肃灵台)人,为东汉太尉皇甫嵩的曾孙。后来过继给叔父,移居新安(在今河南渑池东)。皇甫谧二十岁时,还不爱学习,终日无限度地游荡戏耍,有人甚至认为他是个傻子。有一次,皇甫谧弄到了一些瓜果,就拿回来给他的叔母任氏。任氏说:"《孝经》说:'即使每天用牛、羊、猪三牲这样的美味佳肴来奉养父母,仍然是不孝之人。'你如今已经二十岁了,眼里没有教育,心思不在正道,没有什么可以用来安慰我的。……修身立德,专心读书,受益的是你自己,跟我又有什么关系呢!"说完,叔母面对着皇甫谧流下了痛心的眼泪。皇甫谧深受感动,就痛改前非,到同乡人席坦那里学习,刻苦读书,不知疲倦。因为家里很穷,他一边参加农业劳动,一边带着儒家经典阅读,博览了各种典籍和诸子百家的著作。皇甫谧性格恬静,没有太多的欲望,因此开始有了隐居的想法,并决心以著述作为自己的终身事业,于是他便为自己取号"玄晏先生"。

皇甫谧的叔母说出了大多数父母的心里话,他们并不奢望子女能够飞黄腾达,以便自己可以从中获取子女的丰厚回报;父母只要看到自己的子女勤奋学习,努力工作,就能够得到莫大的欣慰;而能够使父母得到欣慰,就是子女对父母最大的孝顺。

五刑章第十一

【题解】

五刑,先秦时期指刻面、割鼻、断足、阉割、斩首五种刑罚,这里泛指各种刑罚。本章认为最大的罪恶就是不孝敬父母,坚决反对导致社会动乱的目无君主、圣人与父母的言行。

子曰:"五刑之属三千①,而罪莫大于不孝②。要君者无上③,非圣者无法④,非孝者无亲⑤。此大乱之道也⑥。"

【注释】

①五刑之属三千:属于应该处以五种刑罚的罪名有三千条。三千,泛指罪名之多,不必视为确数。

②罪莫大于不孝:最严重的罪行是不孝敬父母。关于这一说法,商代已有:"《商书》曰:'刑三百,罪莫重于不孝。'"(《吕氏春秋·孝行》)

③要(yāo)君者无上:威胁君主的,叫目无长上。要,要挟,威胁。无上,藐视君主,目无长上。

④非圣者无法:批评、反对圣人的,叫无法无天。非,非议,反对。

⑤非孝者无亲:批评、反对孝道的,叫目无父母。无亲,藐视父母,目

无父母。关于"非孝者",见"解读"。

⑥此大乱之道也:这是导致天下大乱的根源。

【译文】

孔子说:"应当处以刻面、割鼻、断足、阉割、斩首五种刑罚的罪名有三千种,而最严重的罪行就是不孝敬父母。敢于威胁君主的,是为目无长上;敢于非议、反对圣人的,是为无法无天;敢于批评、反对孝道的,是为目无父母。这三种思想行为,是造成天下大乱的根源啊。"

【解读】

在中国历史上,公开批评孝道的人极少,而孔融就是其中一位最让人难以理解的"奇葩"批评者之一。孔融是鲁国(在今山东曲阜)人,东汉末年官员、名士、文学家,特别值得我们关注的是,他还是孔子的二十世孙。孔融是一位极具多面性的人物,其言行有许多可采之处,其中让梨的故事家喻户晓,然而在孝道这一问题上,孔融却反其先祖孔子之道而行之。《后汉书·孔融列传》记载:

> (孔融)前与白衣祢衡跌荡放言,云:"父之于子,当有何亲?论其本意,实为情欲发耳。子之于母,亦复奚为?譬如寄物瓶中,出则离矣。"

孔融曾经与平民身份的祢衡在一起胡言乱语,说:"做父亲的对于儿女,有什么亲情可言?探究一下做父亲的本心,他当初不过是为了发泄自己的情欲而已。母亲与儿女,也没有什么恩情可言,母亲与儿女的关系不过就是瓦罐与瓦罐所装东西的关系而已,一旦东西从瓦罐里面倒出来,二者就没有什么关联了。"孔子认为最大的罪行就是不孝,而孔融就是犯下这种最大罪行的"非孝者"。我们再回头看看孔子诛杀少正卯的理由:

> 孔子为鲁司寇,七日而诛少正卯于东观之下,门人闻之,趋而进至者,不言其意皆一也。子贡后至,趋而进曰:"夫少正卯者,鲁国之闻人矣,夫子始为政,何以先诛之?"孔子曰:"赐也,非尔所及也。

夫王者之诛有五，而盗窃不与焉：一曰心辩而险，二曰言伪而辩，三曰行辟而坚，四曰志愚而博，五曰顺非而泽。……夫有五者之一则不免于诛，今少正卯兼之，是以先诛之也。"（《说苑·指武》）

《荀子·宥坐》《史记·孔子世家》《孔子家语·始诛》都有孔子诛少正卯的记载。孔子认为："有五种罪行的人必杀不可，而盗窃之罪还不算在内。第一种罪行是内心清楚明白而言行邪恶不正，第二种罪行是言论虚假而说得头头是道，第三种罪行是行为邪恶而顽固不化，第四种罪行是专门记诵一些丑恶、愚蠢的事情而且还十分博杂，第五种罪行是赞赏错误的言行却还说得有理有据。"孔融的身份与言论与少正卯有许多相似之处，曹操以孔融先祖孔子之道还治孔融之身，不能说没有任何道理。只是这种因言论而处以死罪的行为，不足为训，即便是身为圣人的孔子，在诛杀少正卯这件事情上，其弟子们也不以为然，以至于后世的儒家想干脆抹掉这件事情，朱熹说："某尝疑诛少正卯无此事，出于齐、鲁陋儒欲尊夫子之道，而造为之说，若果有之，则左氏记载当时人物甚详，何故有一人如许劳攘，而略不及之？"（《朱子语类》卷九十三）用《左传》没有记载这件事情而否认这件事情的存在，其证据是非常单薄的。

无论秦律、汉律，还是明律、清律，都将不孝作为"忤逆"大罪重判。反过来，儒家坚决支持为父母复仇。《礼记·檀弓上》记载：

> 子夏问于孔子曰："居父母之仇，如之何？"夫子曰："寝苫枕干，不仕，弗与共天下也。遇诸市朝，不反兵而斗。"

当子夏请教如何为父母报仇时，孔子说："做儿子的要睡在草垫子上，头枕着兵器，不去做官，坚决不与仇人生活在一个天地之间（即不共戴天）。即使在市场、朝堂这样的公共场合遇见仇人，也不用回去寻找兵器，直接攻击这个杀父的仇人。"由于这一主张符合人之常情，所以为了保护父母而杀人的人，往往能够得到民众的普遍支持与同情：

> 阳球字方正……郡吏有辱其母者，球结少年数十人，杀吏，灭其家，由是知名。初举孝廉，补尚书侍郎，闲达故事，其章奏处议，常为

台阁所崇信。(《后汉书·酷吏列传》)

东汉时期,有官吏羞辱了阳球的母亲,阳球联合数十位年轻人,合伙杀了这个官吏及其全家。这种严重犯罪行为不但没有得到惩处,反而为他赢得了孝亲的好名声,甚至以"孝廉"的名目进入官场。这可能是受到其前《轻侮法》的影响。汉章帝时,有人杀死羞辱其父者,章帝判杀人者死刑,后又降宥了他。该案判处的量刑尺度成为此后官府判处此类案件的标准。并因之而生成《轻侮法》。后来虽然废除了这一法令,但其影响还在。对于那些为父母复仇而无法免除死刑的人,人们也想方设法给予其他方面的关照:

安丘男子毋丘长与母俱行市,道遇醉客辱其母,长杀之而亡,安丘追踪于胶东得之。(吴)祐呼长谓曰:"子母见辱,人情所耻。然孝子忿必虑难,动不累亲。今若背亲逞怒,白日杀人,赦若非义,刑若不忍,将如之何?"长以械自系,曰:"国家制法,囚身犯之。明府虽加哀矜,恩无所施。"祐问长有妻子乎? 对曰:"有妻,未有子也。"即移安丘逮长妻,妻到,解其桎梏,使同宿狱中,妻遂怀孕。至冬尽行刑,长泣谓母曰:"负母应死,当何以报吴君乎?"乃啮指而吞之,含血言曰:"妻若生子,名之'吴生',言我临死吞指为誓,属儿以报吴君。"因投缳而死。(《后汉书·吴祐列传》)

吴祐是东汉时期的大臣,他在胶东国(在今山东胶东一带)做官时,逮捕了为保护母亲而杀人的毋丘长,他虽然无法免除毋丘长的死罪,但想方设法为他留下一个后代。

从以上事例可以看出,究竟该不该私下为父母报仇,如何为父母报仇,对这类案件该如何判决,一直是古人深感纠结的事情。到了唐朝,这一纠结得到了较为明确的认识与解释。《新唐书·孝友列转》记载:

富平人梁悦父为秦果所杀,悦杀仇,诣县请罪。诏曰:"在礼父仇不同天,而法杀人必死。礼、法,王教大端也。二说异焉。下尚书省议。"

　　唐宪宗在位时，富平（在今陕西富平）人梁悦的父亲被秦果所杀，而梁悦又杀了秦果，然后到县衙自首。县令不知该如何判决，上交朝廷议处。皇帝也感到此案棘手，因为"在礼父仇不同天，而法杀人必死"，两种说法相互矛盾，而这两种说法又都是出自圣人。于是皇帝就把此案交给尚书省的官员们商议处理。最终的判决结果是梁悦流放循州（在今广东惠州一带）。这种判决，实际上是中和了"礼"与"法"之间的矛盾。此后，各王朝对此类案件的判决，几乎都遵循了这一原则。

广要道章第十二

【题解】

广要道，推行最重要的原则。广，推广开去，推行。要道，最重要的原则。这里具体指孝道。本章认为，要想让民众彼此相爱，和睦相处，最好的办法就是推行孝道。并以孝道为基础，进一步阐述了悌、乐、礼的教化作用。

子曰："教民亲爱，莫善于孝；教民礼顺①，莫善于悌②；移风易俗③，莫善于乐④；安上治民⑤，莫善于礼。礼者，敬而已矣。故敬其父，则子悦；敬其兄，则弟悦；敬其君⑥，则臣悦；敬一人⑦，而千万人悦。所敬者寡，而悦者众。此之谓要道矣。"

【注释】

①礼顺：懂得礼仪，和睦相处。顺，和顺，和睦相处。

②悌（tì）：尊敬并服从自己的兄长。

③移风易俗：移除旧的、不良的风俗习惯，树立新的、合乎礼教的风俗习惯。易，改变。

④莫善于乐：没有比推行音乐教育更好的方法了。《礼记·乐记》：
　　"乐也者，圣人之所乐也，而可以善民心。其感人深，其移风易俗，
　　故先王著其教焉。"关于音乐的作用，详见"解读"。

⑤安上：使君主平安无忧。上，指君主。

⑥君：根据下文的"一人"，这里的"君"应指诸侯国君。

⑦一人："余一人"的省略。指天子，商、周时期的天子自称"余一
　　人"。一说"一人"是"指父、兄、君，即受敬之人"（胡平生《孝经
　　译注》）。

【译文】

　　孔子说："要想教育民众相亲相爱，最好的办法就是推行孝道；要想
教育民众懂得礼仪、和睦相处，最好的办法就是推行悌道；要想改变旧习
俗而树立新风尚，最好的办法就是推行音乐教育；要想使君主平安无忧，
把百姓治理好，最好的办法就是推行礼教。所谓的礼教，也就是"尊敬"
二字而已。因此尊敬别人的父亲，他的儿子就会高兴；尊敬别人的兄长，
他的弟弟就会高兴；尊敬别人的君主，他的臣子就会高兴；尊敬天子，而
成千上万的民众就会高兴。我们只需去尊敬少数的人，就能够使许许多
多的人感到高兴。推行孝道、尊敬别人可以说是最重要的原则啊！"

【解读】

　　关于音乐的感人故事，古籍中的记载俯拾即是，我们举"绕梁三日"
这一美谈为例。《列子·汤问》记载：

　　　　昔韩娥东之齐，匮粮，过雍门，鬻歌假食。既去，而余音绕梁欐，
　　三日不绝，左右以其人弗去。过逆旅，逆旅人辱之。韩娥因曼声哀
　　哭，一里老幼悲愁，垂涕相对，三日不食。遽而追之。娥还，复为曼
　　声长歌，一里老幼喜跃抃舞，弗能自禁，忘向之悲也。乃厚赂发之。
　　故雍门之人至今善歌哭，放娥之遗声。

　　战国时期，韩国有一位善于歌唱的人叫韩娥，她从韩国去齐国，一路
上遇到不少困难。当她走到齐国的雍门时，已陷入绝粮困境，于是她便

以卖唱换粮。当她离开三日后,那里似乎还有她的歌声缭绕,周围的人们都以为韩娥还在那里演唱。当她路过旅店时,受到旅店人的羞辱,于是韩娥放声悲歌,周围的人们听到后,无论老幼皆悲伤忧戚,相对垂泪,连续几天吃不下饭。于是他们赶快把韩娥请回来,韩娥回来后,便高唱欢乐的歌曲,周围的人们听后便欢喜跳跃,难以自禁,把先前的悲哀忘得干干净净。深受感动的人们馈赠给她丰厚的财物。韩娥的歌声不仅影响了当时听到歌声的人们,而且还使其后的雍门人也爱上了音乐,变得能歌善舞。音乐的感人力量由此可见一斑。

最能够体现歌声巨大力量的大概还属于"四面楚歌"这一典故。《史记·项羽本纪》记载:

> 项王军壁垓下,兵少食尽,汉军及诸侯兵围之数重。夜闻汉军四面皆楚歌,项王乃大惊曰:"汉皆已得楚乎? 是何楚人之多也!"项王则夜起,饮帐中。有美人名虞,常幸从;骏马名骓,常骑之。于是项王乃悲歌慷慨,自为诗曰:"力拔山兮气盖世,时不利兮骓不逝。骓不逝兮可奈何,虞兮虞兮奈若何!"歌数阕,美人和之。项王泣数行下,左右皆泣,莫能仰视。

西楚霸王项羽的军队驻扎在垓下(在今安徽灵璧东南),兵少粮尽,汉军及诸侯兵把他团团包围了好几重。深夜,听到汉军在四面唱起楚地的民歌,项羽大为吃惊,说:"难道汉军已经完全占领了楚地? 怎么他们军队里的楚人这么多?"项羽无法入眠,在军帐中饮酒。有一位美人名叫虞(后人常称之为虞姬),一直受到项羽的宠爱,常伴随在项羽身边;还有一匹骏马名叫骓,项羽一直乘坐它。这时候,项王不禁慷慨悲歌,自己作了一首歌词,唱道:"力能拔山啊勇气盖世,时运不济啊骓马无法前进! 骓马无法前进啊还好安排,虞姬啊虞姬我如何安置你?"项羽连续唱了几遍,虞姬在一旁合唱。项羽流下了几行眼泪,身边的将士也都跟着流泪,没有一个人忍心抬起头来仰视项羽。

楚歌不仅吹散了楚军的军心,也吹垮了项羽的坚强意志,《史记正义》引《楚汉春秋》说，虞姬当时唱和的歌词是："汉兵已略地，四方楚歌声。大王意气尽，贱妾何聊生。"作为身边人的虞姬清楚地看到楚歌使"大王意气尽"，使这位曾经横行天下、杀人无数的西楚霸王也不得不"泣数行下"。《太平御览》卷二百八十三也说："羽兵尚众，汉兵围之，皆为楚歌。楚人久苦征战，因败思归，遂溃。《通典》曰：斯亦攻心之机也。"《孙子兵法·军争》说：

> 故三军可夺气，将军可夺心。

用兵之道，攻心为上，攻城为下；心战为上，兵战为下。一曲楚歌，不仅夺去了三军的"气"，也夺去了将军的"心"："于是项王乃上马骑，麾下壮士骑从者八百余人，直夜溃围南出，驰走。"（《史记·项羽本纪》）汉军还没有发起总攻，项羽就被楚歌摧毁了意志，丢下自己的千军万马，仅仅带着八百麾下突围南逃了。

广至德章第十三

【题解】

广至德，推行最为美好的品德。广，扩展，推行。至德，最美好的品德，这里具体指孝敬之德。本章要求君子用孝道、悌道及由此延伸出来的为臣原则去教化民众，以保证民众能够和睦相处，国家能够安定祥和。

子曰："君子之教以孝也，非家至而日见之也^①。教以孝，所以敬天下之为人父者也^②；教以悌，所以敬天下之为人兄者也；教以臣，所以敬天下之为人君者也^③。《诗》云：'恺悌君子，民之父母^④。'非至德^⑤，其孰能顺民^⑥，如此其大者乎^⑦！"

【注释】

①非家至而日见之也：并不是要亲自跑到每家每户去，天天当面监督着人们去行孝。家至，亲自到每家每户去。见，看着，监督着。

②教以孝，所以敬天下之为人父者也：用孝道教育民众，这就是让天下所有做父亲的人都能够受到尊敬的办法。所以，……办法。人父，人之父，也即父亲。

③教以臣，所以敬天下之为人君者也：用做臣子的原则去教育民众，这就是让天下所有做君主的人都能够受到尊敬的办法。臣，臣道，做大臣的原则。人君，人之君，即君主。

④恺悌（kǎi tì）君子，民之父母：态度和蔼、平易近人的君子，可以做百姓的父母。恺悌，和蔼可亲、平易近人的样子。这两句诗出自《诗经·大雅·泂酌》。

⑤非至德：除了那些品德最为美好的人。非，不是，除了。至德，品德最为美好。这里指品德最好的人。

⑥孰能顺民：谁能够使百姓和睦相处。孰，谁。顺，和顺，和睦相处。一说"顺民"的意思是"用孝道来顺应天下民心"；一说"顺"通"训"，"顺民"是"用孝道训导民众"的意思。

⑦大：伟大。这里具体指能够使百姓和睦相处的伟大事业。

【译文】

孔子说："君子用孝道教化民众，并不是要亲自跑到每家每户去，天天当面监督着人们去行孝。君子用孝道教化民众，这就是让天下所有做父亲的人都能够受到尊敬的办法；用悌道教化民众，这就是让天下所有做兄长的人都能够受到尊敬的方法；用做臣子的原则去教育民众，这就是让天下所有做君主的人都能够受到尊敬的途径。《诗经·大雅·泂酌》说：'和蔼可亲、平易近人的君子，可以做百姓的父母。'除了那些品德最为美好的君子，谁又能够使民众和睦相处，建立如此伟大的事业呢！"

广扬名章第十四

【题解】

广扬名,广泛地扬名于后世。本章认为,君子只要能够把对父母的孝敬之心转换为对君主的忠诚,把尊敬、服从兄长之心转换为对上级的尊敬与服从,把理家的经验转换为治国的方略,那么他就能够留美名于后世。

子曰:"君子之事亲孝,故忠可移于君[1];事兄悌,故顺可移于长[2];居家理[3],故治可移于官[4]。是以行成于内[5],而名立于后世矣[6]。"

【注释】

[1]忠可移于君:对父母的孝敬之情可以转换为对君主的忠诚之心。关于孝与忠的关系,可见"解读一"。

[2]顺可移于长(zhǎng):对兄长的尊敬、顺从之情可以转换为对上级的尊敬、顺从。长,长上,上级。

[3]居家理:在家能够把家庭管理好。理,治理。这里指治理得有条有理。

④治可移于官：就能把管理家庭的经验转换为管理国家的方略。关于理家与治国的关系，见"解读二"。

⑤行成于内：美好的品行修养于内心。行，指孝、悌、善于理家三种优良的品行。内，内心。唐玄宗李隆基《孝经注》："修上三德于内，名自传于后代。"

⑥名立于后世：美名流传于后世。名立，也即本章章名中的"扬名"。颜之推对儿子的要求即是："汝曹宜以传业扬名为务，不可顾恋朽壤，以取埋没也。"（《颜氏家训·终制》）颜之推要求儿孙："你们应该努力传承家业、建功立名，不可因为顾恋我的坟墓（指为了守孝而待在家里），以至于淹没了自己的功名。"

【译文】

孔子说："君子侍奉父母能够恪尽孝道，因此他就能够把对父母的孝心，转换为对君主的忠诚；侍奉兄长能够尊敬、服从，因此他就能够把对兄长的尊敬、服从，转换为对上级的尊敬、服从；在家能够把家庭管理得井然有序，因此他就能够把管理家庭的经验，转换为管理国家的方略。君子如果能够在内心修养好自己的美好品行，那么他的美好名声就能够流传于后世。"

【解读】

一

人们往往把"忠孝"二字放在一起阐述，的确是很有道理的，因为"忠"与"孝"两种品德好似孪生兄弟，彼此之间具有割舍不断的关系。《后汉书·韦彪列传》记载，汉章帝在位时，非常重视人才的选拔，大臣韦彪就上了一封奏章，谈到选人的标准问题：

夫国以简贤为务，贤以孝行为首。孔子曰："事亲孝，故忠可移于君，是以求忠臣必于孝子之门。"

韦彪认为，治国的首要任务是选拔贤人，而贤人的首要道德标准就是能够孝敬父母，因此，国家要想得到忠臣，就一定要到孝子那里去寻找。这一选拔忠臣的标准，得到后人的一致赞成，如《晋书·列女列传》："忠臣出孝子之门。"《宋书·殷琰列传》："求忠臣必于孝子之门。"《南齐书·张敬儿列传》："求忠臣者必出孝子之门。"如此等等。我们举一个孝子为忠臣的例子：

> 更始时，天下乱……（刘平）与母俱匿野泽中。平朝出求食，逢饿贼，将亨之，平叩头曰："今旦为老母求菜，老母待旷（刘平原名刘旷）为命，愿得先归，食母毕，还就死。"因涕泣。贼见其至诚，哀而遣之。平还，既食母讫，因白曰："属与贼期，义不可欺。"遂还诣贼。众皆大惊，相谓曰："常闻烈士，乃今见之。子去矣，吾不忍食子。"于是得全。

> 建武初，平狄将军庞萌反于彭城，攻败郡守孙萌。平时复为郡吏，冒白刃伏萌身上，被七创，困顿不知所为，号泣请曰："愿以身代府君。"贼乃敛兵止，曰："此义士也，勿杀。"遂解去。萌伤甚气绝，有顷苏，渴求饮。平倾其创血以饮之。后数日，萌竟死，平乃裹创，扶送萌丧至其本县。（《后汉书·刘平列传》）

两汉之际，天下大乱，刘平与母亲藏于野外，当他外出为母亲寻找野菜时，遇到一群饥饿的盗贼，这些盗贼便想把刘平煮了吃。刘平哭求说："我今天一大早就出来为老母亲寻找野菜，老母亲也在等着我的这些野菜续命，我希望能够先回去，侍奉老母亲吃了这些野菜，然后再回来让你们烹煮。"刘平的孝心感动了这群盗贼，得以母子平安。后来刘平在郡守孙萌手下做官，叛军要杀掉孙萌，刘平趴在孙萌身上，被刺了七刀，表示愿意替孙萌赴死，结果同样感动了这些叛军，撤兵而去。刘平在家为孝子，出仕为忠臣，后来举孝廉，官至侍中、宗正，善终于家。

对于"忠臣出于孝子之门"这一观念，我们特别赞成。因此我们建议，在选用特别重要的人才时，比如领导在考察接班人的时候，男女青年在寻找人生伴侣的时候，一定要先考察一下对方对父母的态度如何。一个连生养自己的父母都不爱的人，他会爱国吗？他会爱你吗？如果他表现出十分的爱，那一定是带有功利目的的，要么你有权，要么你有钱，要么你长得漂亮，一旦你失去这些，他马上就会抛弃你！

然而这一选人原则却遭到韩非的否定，《韩非子·五蠹》说：

> 鲁人从君战，三战三北。仲尼问其故，对曰："吾有老父，身死莫之养也。"仲尼以为孝，举而上之。以是观之，夫父之孝子，君之背臣也。

鲁国有一个人跟随着君主去作战，三次交战而他三次败逃。孔子询问他逃跑的缘故，他回答说："我家里有个老父亲，我如果死了，就没有人赡养他了。"孔子认为这个人是个孝子，就举荐他当了官。孔子重用以孝为借口败逃的军人的确有不妥之处，但韩非利用这一极端例子，认定"父之孝子，君之背臣"，夸大孝与忠、国家与家庭之间的对立与矛盾，的确是匪夷所思。贾谊《新书·俗激》就一针见血地指出：

> 岂为人子背其父，为人臣固忠于君哉？岂为人弟欺其兄，为人下固信其上哉？

一个人连生之育之、亲之爱之的父母都可以背叛，却自称能够忠诚于自己的君主，恐怕没人会相信！

二

儒家主张修身、齐家（先秦时期，家庭与大夫封地皆可称"家"）、治国、平天下，认为齐家与治国具有密不可分的关系，对此，我们也非常赞成。然而也有不少古人，认为二者之间没有必然联系：

> 杨朱见梁王，言治天下如运诸掌然，梁王曰："先生有一妻一妾不能治，三亩之园不能芸，言治天下如运诸手掌，何以？"杨朱曰："臣有之。君不见夫羊乎？百羊而群，使五尺童子荷杖而随之，欲东而东，欲西而西；君且使尧牵一羊，舜荷杖而随之，则乱之始也。臣闻之，夫吞舟之鱼不游渊（《列子》作"不游枝流"），鸿鹄高飞不就污池，何则？其志极远也。……将治大者不治小，成大功者不小苟，此之谓也。"（《说苑·政理》）

　　杨朱见了梁王（即魏国君主），说自己治理天下就好像在手掌里把玩小物件一样容易，梁王说："您连自己的一个妻子一个侍妾都没有领导好，连自己的三亩菜园子也没有能够打理好，却说治理天下就好像在手掌里把玩小物件一样容易，您的凭据是什么？"杨朱回答说："我是没有把自己的家庭管理好。但您没有看见过放羊的人吗？一百只羊的羊群，让身材不高的小孩子扛着一根牧羊竿跟在后面，想让它们去东边它们就去东边，想让它们去西边它们就去西边。如果让尧牵着一只羊，让舜扛着一根牧羊竿跟在后面，这样就会乱套了。我听说，可以吞下一只船的大鱼，不在小河里游动；翱翔天际的鸿鹄，不会聚集在臭水沟里。为什么？因为它们的志向是远大的。……要处理大事情的人不会去理会一些小细节，要成大功业的人不去做一些小事情，讲的就是这个道理啊。"杨朱把齐家与治国二者截然分开。

　　我们不同意杨朱的观点因为理家与治国的确有许多相似之处，《颜氏家训·治家》说：

　　　　笞怒废于家，则竖子之过立见；刑罚不中，则民无所措手足。治家之宽猛，亦犹国焉。

　　颜之推说："一个家庭，如果不用体罚、斥责等手段，那么孩子们马上就会干出许多荒唐事来；一个国家，如果刑罚使用不恰当，那么百姓就会无所适从。治理一个家庭的措施是宽松还是严厉，与治理一个国家的措施是一样的。"颜之推这里仅仅就其一端而言，除了刑罚，在其他许多方面，理家与治国都是相通的，一个家庭混乱的人，自诩能够把国家治理得井然有序，是绝对不可信的。

谏诤章第十五

【题解】

谏诤,对尊者、长者或朋友进行劝谏。诤,以直言劝谏,使人改正错误。本章明确指出,做儿女的对父亲如果不分是非而处处依从,并非孝敬的表现,而是要敢于劝谏,以免父亲陷于不仁不义。孔子还把这种劝谏精神扩展到臣下对待君主、朋友对待朋友的关系之中,这与后世提倡的父让子死子不敢不死、君让臣亡臣不敢不亡的错误观念大相径庭。

曾子曰:"若夫慈爱、恭敬、安亲、扬名①,则闻命矣②。敢问子从父之令③,可谓孝乎?"子曰:"是何言与④!是何言与!昔者,天子有争臣七人⑤,虽无道⑥,不失其天下;诸侯有争臣五人⑦,虽无道,不失其国;大夫有争臣三人⑧,虽无道,不失其家⑨;士有争友,则身不离于令名⑩;父有争子,则身不陷于不义。故当不义⑪,则子不可以不争于父,臣不可以不争于君,故当不义则争之。从父之令,又焉得为孝乎⑫!"

【注释】

①若夫:句首语气词,用在句首或段落的开始,表示另提一事,可以

翻译为"至于",但无实际含义。慈爱：这里指儿女对父母的爱护。慈，一般指长辈对晚辈的爱护，但也可用于晚辈对长辈的爱护。如《庄子·渔父》："事亲则慈孝。"安亲：使父母身心都能够安然无恙。

②闻命：明白了您的教诲。闻，听到，知道。命，命令。这里指教诲。

③敢问：冒昧地请教。敢，谦辞，类似于今天"冒昧"的意思。

④是何言与（yú）：这是什么话啊！表示对对方所提问题的否定。是，代指曾子提到的"从父之令，可谓孝"。与，句末语气词，表感叹或疑问语气。

⑤争臣：敢于谏诤的大臣。争，通"诤"。以直言劝谏，使人改正错误。七人：一说指辅佐天子的三公、四辅。三公，周代的三位最高行政长官，即太师、太傅、太保。四辅，相传是古代天子身边的四位辅佐大臣，即前疑、后丞、左辅、右弼。一说"七人"并非确指，只是泛指多人。

⑥虽无道：即使天子不按正道行事。虽，即使。本句的主语为天子。

⑦五人：指辅佐诸侯的五位大臣，具体指三卿（司马、司空、司徒）与内史、外史五人。一说"五人"泛指多人。

⑧臣：这里的"臣"指大夫的家臣。三人：指大夫的三位主要家臣。具体指家相（管家）、室老（家臣之长）、侧室（负责宗族之事）。邢昺《孝经疏》对以上的"七人""五人""三人"有更为合理的解释，认为这些都不是实数，而是根据责任大小、贵贱等级，谏臣的人数依序递减："父有争子，士有争友，虽无定数，要一人为率。自下而上，稍增二人；则从上而下，当如礼之降杀，故举七、五、三人也。"

⑨家：卿、大夫的封地。

⑩令名：美好的名声。令，善，美好。

⑪当不义：面对着君主、父亲做的不义之事。当，面对。理解为"在……的时候"也可。

⑫焉得：怎么能够。焉，怎么。

【译文】

曾子说："至于像爱护双亲、尊重长辈、使父母身心都安然无恙、以此扬名于后世这些道理，我已经听明白了您的教诲。我还想冒昧请教的是，做儿子的处处听从父亲的命令，这可不可以算作孝顺呢？"孔子说："这说的是什么话呢！这说的是什么话呢！从前，天子身边如果有敢于直言劝谏的大臣七人，即使天子不按正道行事，也不会失去他的天下；诸侯身边如果有敢于直言劝谏的大臣五人，即使诸侯不按正道行事，也不会失去他的诸侯国；大夫身边如果有敢于直言劝谏的家臣三人，即使大夫不按正道行事，也不会失去他的封邑；士人身边如果有敢于直言劝谏的朋友，那么他就能够维护住自己的美好名声；父亲身边如果有敢于直言劝谏的儿子，那么他就不会陷入不仁不义的事情之中。所以面对君主、父亲的不仁不义行为，做儿子的就不能不去劝谏父亲，做臣下的就不能不去劝谏君主，因此面对父亲、君主的不仁不义行为，做儿子、臣下的一定要敢于劝谏。如果做儿子的处处听从父亲的命令，这哪里又能算得上是孝顺呢！"

【解读】

孔子认为，对父母百依百顺，并非真正的孝敬；勇于劝谏犯错的父母，不让父母陷于不仁不义，才是真正的孝敬。但在劝谏父母时，一定要注意方式方法：

> 子曰："事父母几谏。见志不从，又敬不违，劳而不怨。"（《论语·里仁》）

孔子告诫人们，劝谏父母的语言一定要委婉，如果父母不接受，仍然尊敬他们而不去冒犯他们，即使内心充满了忧愁但绝不抱怨。《礼记·内则》对此有更为详细的说明："父母有过，下气怡色，柔声以谏。谏若不入，起敬起孝。说（通悦）则复谏，不说，与其得罪于乡、党、州、闾，宁孰谏。父母怒，不说而挞之流血，不敢疾怨，起敬起孝。"父母有了过错，要和颜悦色、低声细语地进行劝告。父母如果不接受，自己还是保持一片孝敬之心，耐心地等到父母高兴的时候再次劝告。与其让父母陷入不仁不义而得罪于父老乡亲，宁可反复劝谏让他们知错改错。如果父母因为自己的劝告而鞭挞自己，自己也不敢有任何怨恨，照样保持一片孝敬之心。

不与父母发生正面冲突，并不意味不去弥补、纠正他们的错误，《太平御览》卷五一九引古本《孝子传》：

> 原穀者，不知何许人。祖年老，父母厌患之，意欲弃之。穀年十五，涕泣苦谏。父母不从，乃作舆舁弃之。穀乃随收舆归。父谓之曰："尔焉用此凶具？"穀云："后父老，不能更作得，是以取之耳。"父感悟愧惧，乃载祖归侍养，克己自责，更成纯孝，穀为纯孙。

原穀的祖父老了，原穀的父母嫌弃这位老人，就把老人放在一个破车厢里抬着丢弃在野外。十五岁的原穀苦劝不听，于是就把那个破车厢背了回来。父亲问他要此何用，原穀回答："以后您老了，我也刚好用得上，不用再做了，所以就顺便背回来了。"父亲听后深感愧疚，于是就把老人接回家用心奉养。原穀引导父母换位思考，使父亲成了纯孝之子，原穀自然更是纯孝之孙。

最后还要说明，儒家有"为尊者讳，为亲者讳，为贤者讳"（《春秋公羊传·闵公二年》）的原则，劝谏、弥补父母的过失是对的，但尽量不讲、少讲他们的过失，更不可为了凸显自己的美德而宣扬父母的过失。

本章最大的意义在于孔子反对儿子、臣下对父亲、君主的无原则的百依百顺。当封建专制制度逐渐拉紧套在民众脖子上的绳索时，"当不义则争之"的正确原则便被抛弃，取而代之的是"父要子亡，子不敢不亡"之类的说教，就连身为臣子、大儒的朱熹也说出"臣、子无说君、父不是底道理，此便见得是君臣之义处"（《朱子语类》卷十三）这样的话，臣、子连议论君、父错误的权力都被剥夺了，更遑论能像孔子说的那样去理直气壮地"争之"！

感应章第十六

【题解】

感应,互相感动,交相影响。本章认为,如果能够在孝敬父母、尊重兄长方面做到极致,就能够感动神灵,神灵就会降下许许多多的福佑。

子曰:"昔者,明王事父孝,故事天明①;事母孝,故事地察②;长幼顺,故上下治③。天地明察,神明彰矣④。故虽天子,必有尊也⑤,言有父也⑥;必有先也⑦,言有兄也。宗庙致敬⑧,不忘亲也。修身慎行,恐辱先也⑨。宗庙致敬,鬼神著矣⑩。孝悌之至,通于神明,光于四海⑪,无所不通⑫。《诗》云:'自西自东,自南自北,无思不服⑬。'"

【注释】

①故事天明:因此侍奉上天的时候就能够明白天道。古人认为父如天,母如地,故父与天相配,母与地相配。

②故事地察:因此侍奉大地的时候就能够明白地理。察,明白,清楚。

③上下治:上下级关系井然有序。治,治理得很好,井然有序。

④神明彰矣:神灵的福佑就会表现出来。也即神灵会降下许多能够

让人切实感受到的福祉。彰，彰显，表现出来。关于神灵护佑孝
　子的事例，见"解读"。

⑤故虽天子，必有尊也：因此即使贵为天子，也一定会有他应该尊敬
　的人。虽，即使。

⑥言有父也：意思是说天子也有父亲。

⑦必有先也：肯定还有站在他前面的人。

⑧宗庙致敬：即"致敬宗庙"。到宗庙里去向先祖表达敬意。宗庙，
　古代祭祀祖先的处所。

⑨恐辱先也：担心辱没了自己的祖先。

⑩鬼神著矣：鬼神的福佑就会显示出来了。也即鬼神就会降下许多
　福佑。本句与上文的"神明彰矣"同义。著，显著，显示。

⑪光于四海：孝悌美名就会传遍天下。光，光大，充满。四海，整个
　天下。

⑫无所不通：无论做什么都会非常顺利。通，通达，顺畅。

⑬自西自东，自南自北，无思不服：从西到东，从南到北，没有不归服
　的人。思，语气词。高亨认为这里的"思"是想的意思："思，想
　也。"（《诗经今注》）这三句诗出自《诗经·大雅·文王有声》，原
　诗的主题是歌颂周文王和周武王的文治武功。

【译文】

孔子说："从前，那些圣明的天子侍奉父亲的时候能够做到非常孝
顺，所以他们在侍奉上天的时候也能够明白天道；圣明的天子在侍奉母
亲的时候能够做到非常孝敬，所以他们在侍奉大地的时候也能够洞察地
理；圣明的天子能够使长辈与晚辈之间的关系和顺融洽，所以也能够使
官员的上下级之间的关系井然有序。圣明天子能够明白、洞察天道与地
理，于是天神地祇就会降下许许多多的福佑。所以说即使天子的地位十
分尊贵，他必定还会有需要尊敬的人，这说的就是他的父亲；天子必定
也还会有能够站在他前面的人，这说的就是他的兄长。到宗庙举行祭祀

时要充分表达对先祖的崇高敬意，这就是在表示永远不会忘记自己的父母。修养自身品德，行为谨慎小心，这样做是担心辱没了先祖的名声啊。在宗庙祭祀时充分表达出自己对先祖的敬意，那么先祖的灵魂就会降下许多福佑。能够在孝敬父母、顺从兄长方面做到尽善尽美，就会感动天地之神灵，孝悌的美名也会传遍整个天下，那么他无论做任何事情都会非常顺利。《诗经·大雅·文王有声》说：'从西到东，从南到北，没有人不愿归服。'"

【解读】

古人认为孝行可以感动天地鬼神，并为后世留下许多这方面的故事，我们试举三例：

前汉董永，千乘人。少失母，独养父。父亡，无以葬，乃从人贷钱一万。永谓钱主曰："后若无钱还君，当以身作奴。"主甚悯之。永得钱葬父毕，将往为奴，于路忽逢一妇人，求为永妻。永曰："今贫若是，身复为奴，何敢屈夫人之为妻？"妇人曰："愿为君妇，不耻贫贱。"永遂将妇人至。钱主曰："本言一人，今何有二？"永曰："言一得二，理何乖乎？"主问永妻曰："何能？"妻曰："能织耳。"主曰："为我织千匹绢，即放尔夫妻。"于是索丝，十日之内，千匹绢足。主惊，遂放夫妻二人而去。行至本相逢处，乃谓永曰："我是天之织女，感君至孝，天使我偿之。今君事了，不得久停。"语讫，云雾四垂，忽飞而去。（《孝子传》）

广汉姜诗妻者，同郡庞盛之女也。诗事母至孝，妻奉顺尤笃。母好饮江水，水去舍六七里，妻常溯流而汲。后值风，不时得还，母渴，诗责而遣之。妻乃寄止邻舍，昼夜纺绩，市珍羞，使邻母以意自遗其姑。如是者久之，姑怪问邻母，邻母具对。姑感惭呼还，恩养愈谨。……姑嗜鱼鲙，又不能独食，夫妇常力作供鲙，呼邻母共之。舍侧忽有涌泉，味如江水，每旦辄出双鲤鱼，常以供二母之膳。（《后汉书·列女传》）

《楚国先贤传》曰:(孟)宗母嗜笋,冬节将至,时笋尚未生,宗入竹林哀叹,而笋为之出,得以供母,皆以为至孝之所致感。累迁光禄勋,遂至公矣。(《三国志·吴书·三嗣主传》注引)

董永原为千乘(在今山东高青)人,后迁居安陆(在今湖北孝感),他卖身葬父,感动了天帝,天帝便派织女前来为他还债。这一故事逐渐演变为今天的黄梅戏保留剧目之一《天仙配》(又名《七仙女下凡》)。后两个故事中的姜诗与孟宗都是感动了大地,以至于地涌江水,每天自出一对鲤鱼,或者非时而生竹笋,以供其母食。

孝行可感天地,是古代的一种普遍观念,这一普遍观念还为我们留下了一个地名——孝感。孝感是湖北省的一个地级市,因为董永的卖身葬父、黄香的扇枕温席、孟宗的哭竹生笋故事都发生在这里,所以后唐庄宗李存勖就把这里改名为孝感。

事君章第十七

【题解】

事君,侍奉君主。本章认为,无论何时何地,臣下都要考虑对君主竭尽忠诚,并敢于纠正君主过失,以保证君臣上下同心同德,相亲相爱。

子曰:"君子之事上也①,进思尽忠②,退思补过③,将顺其美④,匡救其恶⑤,故上下能相亲也。《诗》云:'心乎爱矣,遐不谓矣⑥。中心藏之,何日忘之⑦?'"

【注释】

①事上:侍奉君主。上,这里具体指君主。

②进思尽忠:觐见君主时,要考虑如何尽忠。进,入朝见君。唐玄宗李隆基《孝经注》:"进见于君,则思进忠节。"

③退思补过:退朝回家之后,还要考虑如何纠正君主的错误。退,退朝回家。"进思尽忠,退思补过"这两句应该视为互文,也即把这两句话结合起来理解。也就是说,无论是进见君主,还是退朝在家,都要考虑如何尽忠于君主,如何纠正君主的过失。

④将顺其美:顺从地去执行君主美好的政令。将,执行,奉行。

⑤匡救其恶：去纠正君主的错误。匡，匡正，纠正。如何劝谏、纠正君主的过错，又能保持与君主的亲密关系，的确是一门深奥的学问，详见"解读"。

⑥心乎爱矣，遐不谓矣：只要心中充满了对君主的爱，即使远离君主也像是在君主身边一样。遐，远。这里指远离君主。谓，认为，以为。"遐不谓矣"意思是"不认为自己远离了君主"。唐玄宗李隆基《孝经注》："遐，远也。义取臣心爱君，虽离左右，不谓为远。"一说这两句的意思是："心中洋溢着热爱之情，相距太远不能倾诉。"（胡平生《孝经译注》）谓被理解为倾诉的意思。

⑦中心藏之，何日忘之：心中深深地藏着对君主的热爱，哪一天会忘记呢？中心，心中。以上四句诗出自《诗经·小雅·隰桑》。关于原诗的主旨，一说是诗歌作者表达对君子的思念，一说是一位女子表达对情人的思念。《孝经》则用这四句诗歌表达臣下对君主的热爱与思念。

【译文】

孔子说："君子侍奉自己的君主，无论是进见君主，还是退朝在家，都要考虑如何尽忠于君主，如何纠正君主的过失。顺从地去执行君主的美好政令，努力地去纠正君主的错误，因此君臣之间就能够相亲相爱了。《诗经·小雅·隰桑》说：'只要心中充满了对君主的热爱，即使远离君主也像是在君主身边一样。心中深深地藏着对君主的热爱，哪一天会忘记呢？'"

【解读】

《孝经·开宗明义》说："始于事亲，中于事君，终于立身。"本书论孝，最终落实在以孝劝忠、建功立业、光宗耀祖上。本章就是阐述"事君"的问题。臣下如何在敢于批评君主的同时，又能与君主保持良好的关系，这的确是一门极为复杂的学问，我们这里仅举几条主要原则。

第一，对君主可以冒犯、批评，但不可以欺骗。《论语·宪问》记载：

子路问事君，子曰："勿欺也，而犯之。"

子路向孔子请教如何侍奉君主，孔子回答说："不要欺骗君主，而要敢于批评君主。"批评君主与欺骗君主是两种性质完全不同的行为。批评，虽然有时让君主难以接受，但批评者的主观用心是为君主着想，当明君冷静下来之后，他会感激批评者；而欺骗则是对君主的愚弄，这是任何一位君主都难以原谅的事情。我们举唐太宗与魏徵的关系为例。

魏徵进谏唐太宗的方式各种各样，《隋唐嘉话》卷上记载了这么一件事情：

太宗得鹞绝俊异，私自臂之，望见郑公（魏徵封为郑国公），乃藏于怀。公知之，遂前白事，因语古帝王逸豫，微以讽谏。语久，帝惜鹞且死，而素严敬徵，欲尽其言。微语不时尽，鹞死怀中。

唐太宗得了一只心爱的鹞鸟，正在把玩，看见魏徵远远走了过来，太宗知道魏徵看见自己玩鸟，又要啰嗦，就赶紧把鸟塞进怀里藏了起来。魏徵早已看到，但假装没有看见，于是就走上前来，向唐太宗不紧不慢地汇报工作，工作汇报完毕之后，接着又述说前代帝王是如何玩物丧志的，教育唐太宗要引以为鉴。魏徵说起来喋喋不休，没完没了，太宗知道鸟在怀里快要闷死了，可又不敢、也不愿意打断魏徵的话，等魏徵把话讲完了，走了，鸟也被闷死了。

上面这件事情还算是委婉进谏，更多的时候则是不留情面，往往弄得太宗面红耳赤，下不了台。太宗有时也的确为此极为恼怒，《大唐新语》卷一记载：

太宗尝罢朝自言："杀却此田舍汉！"文德皇后问："谁触忤陛下？"太宗曰："魏徵每庭辱我，使我常不得自由。"皇后退，朝服立于庭。太宗惊曰："何为若是？"对曰："妾闻主圣臣忠。今陛下圣明，故魏徵得尽直言。妾备后宫，安敢不贺？"于是太宗意乃释。

有一次唐太宗退朝后，气得自言自语："我要杀了这个乡巴佬！"其原因就是"魏徵经常当着满朝文武百官的面羞辱我"，听了文德皇后长

孙氏的一番劝慰后,唐太宗也就释然了,因为他明白魏徵这样做是为了大唐王朝,因此,太宗对魏徵的总体评价是:

> 人言徵举动疏慢,我但见其妩媚耳!(《新唐书·魏徵列传》)

太宗说:"人人都说魏徵疏阔傲慢,面目可憎,而在我眼中,只觉得他妩媚可爱!"然而奇怪的是,在魏徵去世不久,太宗不仅悔掉了自己最宠爱的女儿衡山公主与魏徵长子魏叔玉的婚约,还砸掉了自己亲手为魏徵书写的碑文,原因是有人"媚之,毁短百为。徵尝荐杜正伦、侯君集才任宰相,及正伦以罪黜,君集坐逆诛,谗人遂指为阿党;又言徵尝录前后谏争语示史官褚遂良。帝滋不悦,乃停叔玉昏,而仆所为碑,顾其家衰矣"(《新唐书·魏徵列传》)。魏徵直言敢谏,就是孔子说的"犯之";而如果是勾结朋党,营私舞弊,则是孔子说的"欺"。故而太宗可以接受前者,而不能容忍后者。

第二,批评君主时,要注意自己与君主的关系远近。

韩非专门写了一篇《说难》以阐述进谏君主的困难,其中特别指出臣下在劝谏君主之前,一定要先考虑清楚自己与君主的关系是否密切,关系密切,可以把话讲得深刻一些,否则,就不可深谏。如果不考虑君臣关系,没有把握好谈话深浅的度,结果是事与愿违,既达不到自己的目的,而且还会影响彼此感情。为了说明这一道理,《韩非子·说难》讲了这样两个故事:

> 宋有富人,天雨墙坏。其子曰:"不筑,必将有盗。"其邻人之父亦云。暮而果大亡其财。其家甚智其子,而疑邻人之父。

> 昔者,弥子瑕有宠于卫君。卫国之法:窃驾君车者罪刖(砍去双脚)。弥子瑕母病,人闻,有夜告弥子,弥子矫驾君车以出。君闻而贤之,曰:"孝哉!为母之故,忘其犯刖罪。"异日,与君游于果园,食桃而甘,不尽,以其半啖君(把剩下的半个桃子递给卫君吃)。君曰:"爱我哉!忘其口味以啖寡人(自己舍不得吃而给我吃)。"及弥子色衰爱弛,得罪于君,君曰:"是固尝矫驾吾车,又尝啖我以余

桃。"故弥子之行未变于初也,而以前之所以见贤而后获罪者,爱憎之变也。

第一个故事是说,宋国有一个富人,家里的墙壁被大雨冲坏了,他的儿子和一位邻居老人都劝他赶快把墙壁修好,不然将招来盗贼。那天晚上果然家里被盗,这个富人赞赏自己的儿子极为聪明,而怀疑偷盗他家财物的就是那个邻居老人。第二个故事是说,当卫君喜欢弥子瑕时,弥子瑕的所有行为都受到卫君的赞赏;当卫君不喜欢弥子瑕时,弥子瑕的所有行为又都成为他的罪证。根据君主与自己关系远近,来把握谈话内容的深浅,应该说是一种正确的方法。如果不顾关系远近,任意谈论,其结果一定是适得其反。

第三,要注意劝谏方式。

劝谏、批评君主的方式,可以说是多种多样,我们这里仅简单介绍几种。

首先,臣下应该弄清楚君主的心思,然后顺应着君主的心思去劝谏。这就是《韩非子·说难》说的:"凡说之难,在知所说之心,可以吾说当之。"在这方面,最典型的案例就是战国时期惠施对魏国太子的劝谏。《吕氏春秋·开春论》记载,魏惠王去世了,出殡的日子也已经确定了,天却下起了大雪,地上积雪有几尺厚。大臣们都劝谏太子,为了不劳民伤财,最好推迟出殡的时间。而太子认为,仅仅为了顾忌百姓辛苦与国家费用的原因,而不去按期举行先王葬礼,这是不孝的。大臣们在孝道这一理由面前无言以对,于是就去请教身为大臣、又是思想家的惠施,惠施便去面见太子。我们看二人的对话:

（惠施）驾而见太子曰:"葬有日矣。"太子曰:"然。"惠公(即惠施)曰:"昔王季历葬于涡山之尾,䜌水啮其墓,见棺之前和。文王曰:'嘻!先君必欲一见群臣、百姓也夫!天使䜌水见之。'于是出而为之张朝,百姓皆见之,三日而后更葬,此文王之义也。今葬有日矣,而雪甚,及牛目,难以行,太子为及日之故,得无嫌于欲亟葬乎?愿太子易日。先王必欲少留而抚社稷、安黔首也,故使雨雪甚。

因弛期而更为日,此文王之义也。若此而不为,意者羞法文王也?"

太子曰:"甚善。敬弛期,更择葬日。"

惠施这段话的意思是:从前周文王把自己的父亲王季历安葬在涡山的山边,结果渗漏入的地下水冲开了他的坟墓,棺材前面的木板显露了出来。周文王说:"哎呀!我的父亲一定是希望再见群臣、百姓一面,所以让渗水把棺材冲刷了出来。"于是就把棺材抬了出来,摆放在朝堂之上,让百姓都去拜谒王季历的棺木,三天之后再次下葬,这就是周文王的行事原则。如今我们安葬先王的日子虽然已经确定了,然而雪下得太大了,地上的积雪已经达到了牛眼睛的高度,很难举行葬礼,如果您为了赶上原定日子的缘故而急于出殡,大概会给人们留下一个急于安葬先王的嫌疑吧?希望您换一个日子安葬先王。先王肯定是想再稍微逗留一段时间,从而辅助我们的国家、安抚我们的百姓,因此让雪下得这么大。您要顺应先王的意愿,推迟一下出殡的时间,再选择一个日子去举行葬礼,这就是周文王的行事原则。如果您一定要按照原计划下葬而不推迟时间,别人也许就会认为您羞于效法周文王吧?

惠施首先用圣君周文王的事例说明推迟安葬的时间是符合孝道的,如果太子不愿推迟安葬的时间,不仅是拒绝效法圣君周文王,也是违背了先王魏惠王的旨意,因为魏惠王还想"再稍微逗留一段时间,从而辅助我们的国家、安抚我们的百姓"。太子出于孝道,不愿推迟安葬时间,而惠施正是顺应着太子的孝心,用历史事实证明推迟安葬时间正是尽孝的表现,从而轻而易举地说服了太子,既满足了太子的一片孝心,也避免了劳民伤财。

其次,批评君主的时候要懂得迂回战术,甚至要正话反说,这样就会收到意想不到的良好效果。《晏子春秋内篇·谏上》记载,有一次,养马人把齐景公的一匹爱马给养死了,景公极为恼怒,便命令手下肢解养马人。当武士拿着刀去肢解养马人时,晏婴赶忙上前请教景公:"无论做什么事情,君主都要学习圣君尧、舜,但不知尧、舜肢解人的时候,是先从身体的哪个部位下刀的?"景公一下子明白自己的行为属于暴君行为,于是就说:"那就不肢解他了,把他交给司法官处死吧。"晏婴又说:"这个养马人还不知道自己犯了什么样的死罪,我就替您宣布一下他的罪行吧,让他死得明明白白。"景公说:"这个可以。"于是晏婴就开始控诉养马人的"罪行":

> 尔罪有三:公使汝养马而杀之,当死罪一也;又杀公之所最善马,当死罪二也;使公以一马之故而杀人,百姓闻之,必怨吾君;诸侯闻之,必轻吾国。汝杀公马,使怨积于百姓,兵弱于邻国,汝当死罪三也。

晏婴宣布养马人的三条死罪:一是不该养死国君的马,二是更不该养死君主最心爱的马,三是不该因为养死君主的马而让君主判你死罪,这样又让君主落下一个重马轻人的坏名声,从而导致百姓的不满、邻国的轻视。从话面上看,晏婴处处为景公着想,却句句都是在批评景公,景公虽然昏聩,也明白其中道理,所以他听了晏婴的话之后,满面羞愧地叹气说:"您就把他释放了吧!您就把他释放了吧!不要再损害我的仁义名声了。"

再次,进谏君主时要注意保护君主的脸面。普通百姓尚且注重自己的脸面,更何况一国之君。《史记·张释之冯唐列传》记载:

> 上(汉文帝)既闻廉颇、李牧为人,良说(非常高兴),而搏髀曰:"嗟乎!吾独不得廉颇、李牧时为吾将,吾岂忧匈奴哉!"(冯)唐曰:"主臣!陛下虽得廉颇、李牧,弗能用也。"上怒,起入禁中。良久,召唐让曰:"公奈何众辱我,独无间处乎?"唐谢曰:"鄙人不知忌讳。"

汉文帝也是坦率得可爱,他明确责备冯唐:你批评我是可以的,但何必要当众批评我呢?难道就不能在无人的地方批评我吗?

直言强谏的方法是可以使用,但还是委婉的方式更容易让人接受。本书是讲孝道的,我们就顺便看看魏徵是如何用委婉的方法去劝谏唐太宗恪守孝道的。《新唐书·魏徵列传》记载：

> 文德皇后既葬，帝即苑中作层观，以望昭陵，引徵同升，徵孰视曰："臣眊昏，不能见。"帝指示之，徵曰："此昭陵邪？"帝曰："然。"徵曰："臣以为陛下望献陵，若昭陵，臣固见之。"帝泣，为毁观。

　　唐太宗的文德皇后长孙氏去世后，埋葬在昭陵，昭陵是唐太宗计划与文德皇后合葬的陵墓，位于今陕西咸阳九嵕山的主峰上。由于太宗思念皇后，于是就在皇家苑林里修了一座很高的楼观以遥望昭陵。有一次，太宗邀请魏徵一起登观遥望昭陵，魏徵说："我老眼昏花，看不见。"太宗信以为真，就亲自用手为魏徵指示昭陵的所在处。魏徵问："陛下说的是昭陵吧？"太宗答："是的。"魏徵说："我以为陛下是在遥望献陵，至于昭陵，我本来就看得清清楚楚。"献陵是太宗的父亲唐高祖李渊和太宗的母亲太穆皇后窦氏的陵墓。魏徵这样讲，实际是在委婉批评太宗对妻子的爱超过了对父母的爱。太宗听后流下了泪水，马上命令拆毁这座楼观。如果魏徵直接批评太宗爱妻超过了爱父母，太宗恐怕很难接受，因为历代皇帝都标榜自己以孝治天下，后代给太宗的谥号即"文武大圣大广孝皇帝"。

　　谏诤的成功方法固然很多，但最重要的还是要诤臣恰遇明君，没有愿意接受谏诤的君主，诤臣的所有努力都将化为乌有。所以司马迁在《史记·老子韩非列传》中感叹说："韩非知说之难，为《说难》书甚具，终死于秦，不能自脱。"意思是说，韩非知道游说君主十分困难，还专门写了一篇《说难》，把游说君主的困难和技巧阐述得十分详尽，然而最终还是因为游说君主而葬送了自己的性命。明君贤臣，千古一遇，如果遇到庸君，最好还是要像孔子说的那样："邦无道，则可卷而怀之。"（《论语·卫灵公》）

丧亲章第十八

丧亲，父母去世。亲，父母。本章是《孝经》的最后一章，主要阐述在父母去世之后，孝子所应遵循的礼法。从本章可以看出，孔子在坚守丧礼的同时，也表现出充分的灵活性。

子曰："孝子之丧亲也，哭不偯①，礼无容②，言不文③，服美不安④，闻乐不乐⑤，食旨不甘⑥，此哀戚之情也⑦。三日而食⑧，教民无以死伤生⑨。毁不灭性⑩，此圣人之政也⑪。丧不过三年⑫，示民有终也⑬。为之棺、椁、衣、衾而举之⑭；陈其簠、簋而哀戚之⑮；擗踊哭泣⑯，哀以送之⑰；卜其宅兆⑱，而安措之⑲；为之宗庙，以鬼享之⑳；春秋祭祀㉑，以时思之㉒。生事爱敬㉓，死事哀戚，生民之本尽矣㉔，死生之义备矣㉕，孝子之事亲终矣㉖。"

【注释】

①哭不偯（yǐ）：孝子哭的时候不要拖着腔调。意思是，孝子要哭得声嘶力竭，发不出悠长的哭腔。偯，哭的尾声连绵悠长。

②礼无容：在丧礼上也失去了平时的端庄仪态。孝子哀痛万分，所以顾不上端庄的仪态。

③言不文：孝子的言语失去了平时的条理文采。文，文采。

④服美不安：孝子穿上华美的衣服就会感到不安。丧礼规定，孝子要穿粗麻布做成的孝服。服，穿。美，指华美、艳丽的衣服。

⑤闻乐（yuè）不乐（lè）：听到优美的音乐也不会感到快乐。第一个"乐"的意思是音乐，第二个"乐"的意思是快乐。

⑥食旨不甘：吃美味佳肴也不会感到甘甜。旨，味美。这里指美味佳肴。甘，甜美。

⑦此哀戚之情也：这都是因为心里太悲痛哀伤了。戚，伤心，悲痛。

⑧三日而食：父母去世后三天，孝子应该吃饭。《礼记·间传》："斩衰三日不食。"斩衰是古代五种丧服中最重的一种，用粗麻布制成，左右与下边皆不缝边。是孝子、未嫁女、儿媳的丧服。丧礼规定，孝子、未嫁女、儿媳在父母去世后，三天之内不进食；三天之后，就应该进食了。

⑨教民无以死伤生：教导民众不要因为失去父母的悲哀而损害了生者的身体。以，因为。死，指父母去世。生，指子女。

⑩毁不灭性：因哀痛而损害了身体，但不能因此而丧失生命。毁，指身体因悲伤而受到损害，比如变得非常瘦弱等等。性，性命，生命。唐玄宗《孝经注》："不食三日，哀毁过情，灭性而死，皆亏孝道。故圣人制礼施教，不令至于陨灭。"《孟子·离娄上》："孟子曰：'不孝有三，无后为大。'"朱熹《四书章句集注》："赵氏曰：'于礼有不孝者三事：谓阿意曲从，陷亲不义，一也；家贫亲老，不为禄仕，二也；不娶无子，绝先祖祀，三也。三者之中，无后为大。'"如果孝子因为悲伤而丧失生命，断了父母后嗣，这是对父母的最大不孝。

⑪政：政令，制度。一说："'圣人之政'，古文本'政'作'正'，孔传

说:'此圣人之正制也。'正,适当,正确。制,制度,规定。"(胡平生《孝经译注》)

⑫丧不过三年:服丧的期限不超过三年。丧期定为三年的原因及其主要礼节,详见"解读"。

⑬示民有终也:让民众知道守丧的时间是有限制的。唐玄宗《孝经注》:"三年之丧,天下达礼,使不肖企及,贤者俯从。夫孝子有终身之忧,圣人以三年为制者,使人知有终竟之限也。"孝子可以为父母去世而终生哀痛,但守丧之礼则三年终结。

⑭棺、椁(guǒ):古代因贵贱地位不同,棺材的规制也不同。一般有两重,里面的叫"棺",外面套着的叫"椁"。衣:给死者穿的衣服。衾(qīn):给死者用的单被。举之:抬起尸体纳入棺材。唐玄宗《孝经注》:"举,谓举尸内于棺也。"

⑮陈其簠(fǔ)、簋(guǐ)而哀戚之:陈列装有食物的簠、簋等祭器来寄托孝子的悲哀与痛苦。陈,陈列,摆放。簠,古代盛放食物的长方形器具。簋,古代盛放食物的圆形器具。古代丧礼规定,从父母去世一直到出殡入葬,孝子都要继续为父母供奉食物。

⑯擗踊(pǐ yǒng)哭泣:捶着胸、跺着脚,号啕大哭。擗,捶胸。踊,顿足。

⑰哀以送之:非常悲痛地送葬出殡。《礼记·问丧》:"送形而往,迎精而反也。"把父母的遗体(形)送往墓地安葬,把父母的灵魂(精)迎回宗庙祭祀。

⑱卜其宅兆:通过占卜来决定安葬的墓地。宅,指墓穴。兆,这里指整个墓地的范围。

⑲而安措之:将棺椁安放到墓穴中去。安措,安置。之,代指棺椁。

⑳为之宗庙,以鬼享之:为父母营建宗庙,请他们的灵魂享用祭品。为之宗庙,字面意思是为父母营建宗庙,更常见的情况是把父母的灵魂迎接到宗庙里,因为普通民众不可能都为自己的父母重新

再建立一座宗庙。鬼，人死后的灵魂。

㉑春秋祭祀：一年到头，按时祭祀父母。春秋，泛指四时。

㉒以时思之：时时刻刻思念着父母。以，连词。用法相当于"而"。时，时时刻刻。

㉓生事爱敬：父母亲在世时，孝子以爱护和尊敬的态度来侍奉他们。

㉔生民之本尽矣：一个人就算是尽到了孝敬父母的根本责任。生民，人，人们。本，基本责任。

㉕死生之义备矣：养生送死的义务全都做到了。死，指安葬死去的父母。生，指奉养在世的父母。义，义务，责任。

㉖孝子之事亲终矣：孝子完成了侍奉父母的所有任务。

【译文】

孔子说："孝子在父母去世的时候，要哭得声嘶力竭而发不出悠长的哭腔，在丧礼上的举止行为失去了平时的端正仪态，说话也没有了平时的条理文采，穿上华美的衣服心里就感到不安，听到优美的音乐也不会感到快乐，即使吃美味佳肴也不会觉得甘甜，这都是因为心里太悲痛哀伤的缘故。父母去世三天之后孝子要吃些食物，这是圣人要求民众不要因为失去父母的悲哀而损害了生者的身体。孝子因哀痛而损害了身体，但不能因此而丧失了自己的生命，这是圣人制定的规章制度。为父母守丧不超过三年，这是圣人要让民众懂得守丧是有一定期限的。孝子要为去世的父母准备好内棺、外椁、衣饰、被褥，然后把父母的遗体妥善地安置在棺材里；孝子还要摆放装有食物的簠、簋之类的祭奠器具，以寄托生者的哀痛和悲伤；孝子捶胸顿足、号啕大哭，以极为悲痛的心情为父母送葬；孝子通过占卜的方式选择父母的墓地，妥善地安葬父母；然后为父母建造祭祀用的宗庙，让父母的灵魂能够安心享用孝子的祭品；孝子一年到头要按时祭祀父母，并时时刻刻地思念着自己的父母。孝子要以爱护与尊敬的态度侍奉在世的父母，以悲哀的心情祭奠与怀念着去世的父母，这样的话，一个人就算尽到了自己的根本责任，对父母的养生送死的义务也都算做到了,孝子也就完成了侍奉父母的所有任务。"

【解读】

古代的丧礼十分繁琐复杂,限于篇幅,这里无法详细介绍其中的许多细小规制,我们仅就一些重要问题,作一简要介绍。

首先要说的是,守丧期限为什么要规定为三年。关于这一问题,孔子有明确解释。《论语·阳货》记载:

宰我问:"三年之丧,期已久矣。君子三年不为礼,礼必坏;三年不为乐,乐必崩。旧谷既没,新谷既升,钻燧改火,期可已矣。"子曰:"食夫稻,衣夫锦,于女安乎?"曰:"安。""女安,则为之!夫君子之居丧,食旨不甘,闻乐不乐,居处不安,故不为也。今女安,则为之!"宰我出。子曰:"予之不仁也!子生三年,然后免于父母之怀。夫三年之丧,天下之通丧也。予也有三年之爱于其父母乎!"

弟子宰我向孔子提出建议:"为父母守丧三年,时间也太长了。君子三年不去学习礼仪,礼仪一定会被荒废;三年不去演奏音乐,音乐一定会亡失。陈粮已经吃完,新粮已经上场,取火用的木头也已经轮换了一遍,守丧一年也就足够了。"孔子说:"父母去世不到三年,就去吃精美的食物,穿华丽的丝绸,你能够心安吗?"宰我说:"心安。""既然你心安,那么你就去锦衣玉食吧!君子在守丧期间,吃美味不会感到甘甜,听音乐不会感到快乐,住在家中会感到不安,因此他们不去锦衣玉食。如今既然你心安,那你就去锦衣玉食吧!"宰我出去了。孔子说:"宰我真是不仁啊!子女生下来三年,然后才能够脱离父母的怀抱。为父母守丧三年,是天下通行的丧礼啊。宰我也曾得到过父母的三年怀抱之爱啊!"

孔子认为,既然做父母的要怀抱儿女三年,那么作为回报,儿女就应该为父母守丧三年。这一解释合情合理。我们要说明的是,所谓守丧的三年,并非三个整年,而是三个年头。《礼记·三年问》:"三年之丧,二十五月而毕。"两年是二十四个月,再加一个月,就算是三年了。也有人认为丧期应该是二十七个月,即两年又一个季度。

其次,关于丧礼的权变问题。老庄、孔孟都非常重视权变,也即在不违背基本原则的前提下,根据实际情况,对自己的行为做适当调整。《礼记·三年问》规定,孝子在父母去世后的表现应该是:

> 斩衰,苴杖,居倚庐,食粥,寝苫,枕块,所以为至痛饰也。

孝子穿的是粗糙的麻布衣,拄着竹杖,住在室外或墓地的茅舍里,喝的是稀饭,睡的是草席,枕的是土块,以此来表达孝子的哀痛之情。除此,还不能沐浴、吃肉、喝酒等等,这就是《弟子规·入则孝》讲的"丧三年,常悲咽,居处变,酒肉绝"。如此折腾下来,很可能使孝子生病,甚至丧生,如果是这样,就又违背了儒家的"不孝有三,无后为大"(《孟子·离娄上》)的圣训,所以丧礼又做了补充说明,规定一旦孝子生病,还是可以吃肉饮酒、改善生活的:

> 居丧之礼,头有创则沐,身有疡则浴,有疾则饮酒食肉,疾止复初。不胜丧,乃比于不慈不孝。(《礼记·曲礼上》)

守丧期间,孝子头上有伤可以洗头,身上有疮可以洗澡,生病了可以饮酒吃肉,病好了再去"寝苫枕块"。后来的晋文王司马昭就是依据这些礼制,去为守丧期间饮酒吃肉的阮籍辩护。《世说新语·任诞》记载:

> 阮籍遭母丧,在晋文王坐,进酒肉。司隶何曾亦在坐,曰:"明公方以孝治天下,而阮籍以重丧显于公坐饮酒食肉,宜流之海外,以正风教。"文王曰:"嗣宗毁顿如此,君不能共忧之,何谓?且有疾而饮酒食肉,固丧礼也!"籍饮啖不辍,神色自若。

阮籍是魏晋时著名的文人,生性仁孝但行为放浪;晋文王即司马昭,其子司马炎建立西晋后,司马昭又被追尊为晋文帝。阮籍为母亲守丧期间,在司马昭的宴会上公开吃肉饮酒,这引起礼法之士何曾的极大不满,要求把他流放到蛮荒地区,而司马昭就是依据"有疾则饮酒食肉"的丧礼条款为阮籍辩护。

从以上内容可以看出,先儒们讲求权变原则,能够十分灵活而恰当地处理日常事务,不像后儒那样死守着"饿死事小,失节事大"(《二程全书·遗书二十二》：“饿死事极小，失节事极大！”）的教条，从而坑害了无数的愚夫愚妇。

最后，我们要讲的是关于三年丧礼结束后的善后问题。圣人规定孝子守丧三年，除了考虑到“子生三年，然后免于父母之怀”的因素外，还要考虑到“立中”（《礼记·三年问》）的问题，所谓的“立中”，孙希旦解释说：

> 愚谓由淫邪之人，则哀不足以及乎三年；由修饰之君子，则哀不止于三年，故先王斟酌乎贤、不肖之间，立为中道，制其节限，使贤者俯而就之，不肖者企而及之。（《礼记集解》卷五十五）

不孝之子不到三年，悲哀之情已经无影无踪；孝子三年之后，悲哀之情依然无休无止，那么圣人就取其“中”，让不孝之子努力坚持到三年，让孝子在三年之后也竭力克制自己的悲痛。关于这一点，《说苑·修文》有一个形象的例子：

> 子生三年，然后免于父母之怀，故制丧三年，所以报父母之恩也。期年之丧通乎诸侯，三年之丧通乎天子，礼之经也。子夏三年之丧毕，见于孔子，孔子与之琴，使之弦，援琴而弦，衎衎而乐。作而曰：“先生制礼，不敢不及也。”孔子曰：“君子也。”闵子骞三年之丧毕，见于孔子，孔子与之琴，使之弦，援琴而弦，切切而悲。作而曰：“先生制礼，不敢过也。”孔子曰：“君子也。”子贡问曰：“闵子哀不尽，子曰‘君子也’；子夏哀已尽，子曰‘君子也’。赐也惑，敢问何谓？”孔子曰：“闵子哀未尽，能断之以礼，故曰君子也；子夏哀已尽，能引而致之，故曰君子也。夫三年之丧，固优者之所屈，劣者之所勉。”

守丧不到三年，子夏的悲哀之情已经没有了，但他还是坚守丧礼三年；守丧三年之后，闵子骞依然悲痛不已，但他还是克制自己，终止了守丧之礼。对于两位弟子的表现，孔子都给予了肯定，认为他们都属于“君子”。从这里既可以看到孔子的宽容，也表现出孔子的灵活，这些原则都值得我们借鉴与学习。

忠　经

前言

　　人们常常将"忠孝"连称,二者在本质上有着不可割裂的关系,因此《忠经》与《孝经》这两本书也具有十分密切的联系。《忠经》不仅在内容方面接续了《孝经》,而且在撰写形式方面也是仿效《孝经》而成,可以说《忠经》是《孝经》的姊妹篇。

一、《忠经》作者与《忠经》真伪

　　《忠经》的作者,旧题为东汉儒家大师马融。马融在中国学术史上具有重大影响,他的一生经历颇具戏剧性,人们对他的评价也是褒贬不一。

　　马融,字季长,生于公元79年,卒于公元166年,扶风茂陵(在今陕西兴平)人。是将作大匠马严的儿子,其从祖为东汉名将马援。

　　马融不仅相貌堂堂,而且极具语言天赋,才华也很出众。当时,京兆(今陕西西安以东至渭南华州一带)人挚恂隐居于长安附近的终南山,不接受朝廷的任何征召聘任,专心教授儒家经典,名闻关西地区(指函谷关以西地区,也即今天的陕西一带)。年轻的马融便跟随他学习,博通儒家经书。挚恂十分欣赏马融的才华,于是就把自己的女儿嫁给了他。

　　东汉安帝永初二年(108),大将军邓骘听到了马融的名声,就聘任他为舍人,但马融并不喜欢这一职务,于是就没有接受这一征召,客居于凉州的武都(治今甘肃成县)、汉阳(治今甘肃天水)界。当时羌族人侵扰边境,粮价飞涨,自函谷关以西的广大地区,不少人饥困而死。马融也处于极度困窘的境地,于是他后悔了,对自己的朋友说:"古人说:'如果能够在占有整个天下的同时,必须付出自己的生命,连愚夫也不会做这样的事情。'人们之所以不做这样的事情,是因为生命比整个天下要宝贵得多。现在为了避免世俗社会里的一点儿小小羞耻,就付出自己无价的生命,这不符合老、庄的主张。"于是身为儒生的马融在老庄道家思想的指导下,就主动去亲近邓骘,并接受邓骘的征召。

永初四年(110),马融被任命为校书郎中,到东观(东汉朝廷藏书和著书的机构)负责管理、点校秘藏图书。当时,邓太后(邓骘之妹)掌权,邓骘兄弟辅政,表扬儒学,政局稳定。一些见识短浅的儒生、学士,便认为此时文德可兴,武功宜废,邓骘兄弟接受了这些迂腐的意见,慢慢停止了练武制度,不再演习战阵之法,于是全国各地叛乱蜂起,乘国家无备而作乱。马融对此大为不满,认为文武之道,都是圣贤所重视的,怎么能够不重视武备呢?于是献上《广成颂》以进谏朝廷。

《广成颂》上奏之后,得罪了当权的邓氏,以至于马融在东观管理图书达十年之久,而不得升迁。后来因为侄子在马融家中意外去世,马融便以此为借口,向朝廷请罪,意欲辞职还乡。邓太后知道后大怒,认为马融实际上是嫌弃朝廷给他的官职太低,想到州郡去做官,于是就下令禁止马融为官。

建光元年(121),邓太后去世,汉安帝亲政,召马融回到朝廷,让他出任河间王厩长史。当时安帝东巡岱宗(泰山),马融献上《东巡颂》。安帝对他的文才感到惊奇,于是召拜他为郎中。此后,马融又先后担任过功曹、议郎、从事中郎、武都太守等职。

汉桓帝在位时,马融出任南郡太守。在此之前,马融曾得罪过大将军梁冀。此时梁冀就暗示有关部门诬告马融贪污,于是他被免去官职,处以髡刑(剃光头发),流放到了朔方郡(在今内蒙古一带)。马融在那里自杀未遂,后来得以免罪召还,再次担任议郎,又回到东观校勘儒学典籍,著书立说,后来因病离职。

马融自从受到邓氏的惩处之后,再也不敢触犯权贵,后来又为梁冀起草陷害太尉李固的奏折,吴祐斥责马融说:"李公之罪,成于卿手。李公若诛,卿何面目视天下人!"(《资治通鉴》卷五十三)马融不仅协助梁冀陷害忠臣,而且又撰写了《西第颂》,为梁冀歌功颂德。因为这些行为,马融为正直之士所不齿。

马融虽为儒家翘楚,但他的授徒方式却与其他儒师不同而别具一格,《后汉书·马融列传》记载:

> 融才高博洽,为世通儒,教养诸生,常有千数。涿郡卢植,北海郑玄,皆其徒也。善鼓琴,好吹笛,达生任性,不拘儒者之节。居宇器服,多存侈饰。常坐高堂,施绛纱帐,前授生徒,后列女乐,弟子以次相传,鲜有入其室者。

马融才华很高,学问渊博,是当时的一位儒家大学者,教授的弟子常有千人。他擅长弹琴,喜欢吹笛子,性情放达,任心所为,不拘泥于儒士的礼节。他的房屋与器物服饰,都很奢华。他常常坐在高高的堂上,挂着绛色的纱帐,前面教授弟子,后面排列着女乐,做到了娱乐与授经两不耽误。弟子们则按照资历深浅依次传授他的学问,很少有弟子能够登堂入室与他见面。

延熹九年(166),马融在家中去世,享年八十八岁,遗令薄葬。

根据《后汉书·马融列传》记载,他一生的著述有:《三传异同说》,注释了《孝经》《论语》《诗经》《周易》《三礼》《尚书》《列女传》《老子》《淮南子》《离骚》,另外还撰写了赋、颂、碑、诔、书、记、表、奏、七言、琴歌、对策、遗令等,总共二十一篇。马融的经学著作多已散佚,清人编的《玉函山房丛书》《汉学堂丛书》都有辑录。

马融是否是《忠经》的真正作者,也即这本书的真伪问题,古人还存有一些争议。清人丁晏在《尚书余论》中认为,《忠经》中的"民"字都写作"人","治"字都写作"理",这是为了避唐太宗李世民、唐高宗李治的名讳,因此怀疑《忠经》的作者是编写《绛囊经》的唐朝人马雄,而非汉人。当然,丁晏仅仅是怀疑,没有拿出更为确凿的证据去否定马融为《忠经》的作者。

《四库全书总目》认为《忠经》的作者可能是宋代的海鹏,因为《宋史·艺文志五》记载海鹏撰写《忠经》一卷:

> 《忠经》一卷(江苏巡抚采进本)。旧本题汉马融撰,郑元(即郑玄)注。其文拟《孝经》为十八章,经与注如出一手。考融所述作,具载《后汉书》本传。元所训释,载于郑志《目录》尤详。《孝经注》依托于元,刘知幾尚设十二验以辨之,其文具载《唐会要》,乌有所谓《忠经注》哉!《隋志》《唐志》皆不著录,《崇文总目》始列其名,其为宋代伪书,殆无疑义。《玉海》引宋《两朝志》载有海鹏《忠经》。然则此书本有撰人,原非赝造;后人诈题马、郑,掩其本名,转使真本变伪耳。

《四库全书总目》认为《忠经》本来是一部“真书”,作者是宋代的海鹏,因为后人把这本书的作者由“海鹏”改为“马融”,结果使一本“真书”变成了一本伪书。这一观点也只能视为一家之言,因为《宋史·艺文志五》收录了“海鹏《忠经》一卷”,《宋史·艺文志四》还收录了“马融《忠经》一卷”,可见当时海鹏的《忠经》与马融的《忠经》同时并存,而非同一本书。

关于《忠经》的真伪问题,在没有更确凿的证据出现之前,我们只能暂时存疑。

二、《忠经》与《孝经》的关系

“忠”与“孝”二者在道德伦理方面具有血肉般的联系,就连马融撰写《忠经》的动机与写作格式,也与《孝经》具有密不可分的关联,对此,马融在《忠经》的“序”中解释说:

> 《忠经》者,盖出于《孝经》也。仲尼说:“孝者,所以事君之

义。"则知孝者，俟忠而成之。……忠不可废于国，孝不可弛于家。孝既有经，忠则犹阙，故述仲尼之说，作《忠经》焉。

马融讲得非常清楚，自己就是受到《孝经》的启发，撰写了《忠经》，因为一个国家不可以废除忠于君主的原则，一个家庭也不可以废除孝敬父母的道义，孝敬父母是忠于君主的道德根源，忠于君主反过来有助于孝敬父母，两者之间息息相通，相辅相成。现在社会上已经有了《孝经》，却还缺乏《忠经》，于是马融当仁不让，效仿《孝经》的写作内容与形式，撰写了《忠经》。对于具体的效仿方式，马融也做了说明：

夫定高卑以章目，引《诗》《书》以明纲，吾师于古，曷敢徒然？其或异同者，变易之宜也。或对之以象其意，或迁之以就其类，或损之以简其文，或益之以备其事。以《忠》应《孝》，亦著为十有八章，所以洪其至公，勉其至诚。

在这段文字中，马融较为详细地介绍了自己是如何效仿《孝经》去撰写《忠经》的。我们按照这段文字的先后次序予以解释。

第一，马融说："夫定高卑以章目。"意思是按照人物地位的高低来确定各章的编排次序。比如，《忠经》依序安排的《圣君章第二》《冢臣章第三》《百工章第四》《守宰章第五》《兆人章第六》，就是明显效法《孝经》的《天子章第二》《诸侯章第三》《卿大夫章第四》《士章第五》《庶人章第六》。这种排序原则，就是依据地位的从高到低，由天子、圣君排序至兆人、庶人。除此，《忠经》的第一章《天地神明章》带有总论性质，这也是效仿《孝经》第一章《开宗明义章》而撰写，因为《开宗明义章》也带有总论性质。

第二，每章最后往往引用《诗经》《尚书》的格言做总结，这一点也是效仿《孝经》。马融说："引《诗》《书》以明纲，吾师于古，曷敢徒然？"意思是：引用《诗经》《尚书》中的格言来阐明各章的主旨，我这样安排是效仿《孝经》的写法，我个人怎敢毫无凭据地如此撰写呢？

第三，马融说："或对之以象其意。"意思是有的《忠经》章节与《孝经》相应的章节主旨一样。如《忠经·证应章第十六》与《孝经·感应章第十六》就基本一样，两章不仅题目相似，内容也基本相同。《感应章》认为如果能够孝敬父母，就能够感动神灵而获取许多福佑。《证应章》继承这一思想，认为只要能够忠于君主，就能够得到上天的恩赐，否则就会为自己招来灾祸。

第四，马融说："或迁之以就其类。"意思是有的章节内容稍有改变，但还属于一类。如果一味地效仿，就会显得机械、胶着，所以有少数章节，马融做了一些改变，不追求完全的对应。如《忠经·辨忠章第十四》主要讲分辨忠诚与奸邪的重要性，而《孝经·广扬名章第十四》则主要讲君子要通过忠孝行为以扬名于后世。二者的内容虽然角度不同，但属于同类。

第五，马融说："或损之以简其文，或益之以备其事。"有的章节与《孝经》中相对应的章节减少一些字数，以保证文字的简洁，如《忠经·武备章第八》的字数就少于《孝经·孝治章第八》。有的章节增加了一些字数以保证叙事的完备，如《忠经·兆人章第六》的字数就多于《孝经·庶人章第六》。当然，每章字数的多少属于小节问题，完全可以忽略不计。

第六，马融说："以《忠》应《孝》，亦著为十有八章。"在章节安排上，《忠经》与《孝经》一样，都是十八章。

《忠经》与《孝经》的关系，很类似颜回与孔子的关系，《庄子·田子方》记载：

> 颜渊问于仲尼曰："夫子步亦步，夫子趋亦趋，夫子驰亦驰；夫子奔逸绝尘，而回瞠若乎后矣！"夫子曰："回，何谓邪？"曰："夫子步，亦步也，夫子言，亦言也；夫子趋，亦趋也，夫子辩，亦辩也；夫子驰，亦驰也，夫子言道，回亦言道也；及奔逸绝尘而回瞠若乎后者，夫子不言而信，不比而周，无器而民蹈乎前，而不知所以然而已矣。"

颜渊向孔子请教说："先生行走我也能跟着行走，先生快步行走我也能跟着快步行走，先生奔跑我也能跟着奔跑，可当先生脚不沾地迅速飞奔时，我就只好干瞪着眼睛落在后面了。"孔子问："颜回，你说的是什么意思啊？"颜回说："先生行走我也能跟着行走，意思是说先生谈话，我也能跟着谈话；先生快步行走我也能跟着快步行走，意思是说先生辩论，我也能跟着辩论；先生奔跑我也能跟着奔跑，意思是说先生谈论大道，我也能跟着谈论大道；等到先生脚不沾地快速飞奔时，而我就只好干瞪着眼睛落在后面，意思是说先生不用说话就能取信于人，不用表示亲近就能把大家团结起来，没有爵位权势而人们都聚集在您的身边，而我却不知道先生为什么能够做到这一点。"

《忠经》虽然亦步亦趋地效仿《孝经》，但无论在内容与形式方面，还是在对后世的影响方面，都要逊色于《孝经》。

三、本书主要内容

《忠经》是系统阐述忠诚之德的专门经典，其要点则落实在忠君之上。由于《忠经》从内容到形式都是模仿《孝经》，可以说是对《孝经》思想的延伸与补充，只不过侧重点稍有不同而已。《忠经》的主要内容大致有以下几点。

（一）强调忠诚的重要性

本书第一章《天地神明章》认为，"忠"是天地间的至理至德，是评价人们行为好坏的最高标准："天之所覆，地之所载，人之所履，莫大乎忠。"作者认为，在上天覆盖的所有地方，在大地承载的所有万事万物之中，以及人类所要遵循的各种原则，没有哪一样比忠诚的原则更为重要。这就把"忠"抬到了至高无上的地位。作者的这一观点显然与他所效仿的《孝经·开宗明义章》中说的孝是"至德要道"思想产生了一定的矛盾。关于"孝"与"忠"孰轻孰重的问题，古人因集苑集枯而见仁见智，但大多数学者还是把"孝"摆在第一位。关于这一问题的争论，可详见《天地神明章》中的"解读二"。

（二）解释了"忠"的含义

《天地神明章》一开始就解释了"忠"的含义："忠者,中也,至公无私。天无私,四时行;地无私,万物生;人无私,大亨贞。忠也者,一其心之谓矣。"所谓的"忠",就是要有正确的思想,就是要做到极为公正而毫无私心,就是要精诚专一。但这只是"忠"的一般性含义,"一其心"的具体对象,归根结底要落实到"一其心"于君主,也即要忠于君主:"夫忠,兴于身,著于家,成于国,其行一焉。是故,一于其身,忠之始也;一于其家,忠之中也;一于其国,忠之终也。"作者解释说,自身进行道德修养时必须做到精诚专一,这是履行忠诚原则的起点;对家庭也要做到精诚专一,这是履行忠诚原则的进一步发展;对国家同样要做到精诚专一,这是履行忠诚原则的最终目标。简言之,忠君是"忠"的最终目的,也是"忠"的最高境界。

（三）阐释了社会各阶层尽忠的内容

本书从《圣君章第二》至《兆人章第六》,分别论述了圣明的君主、朝廷重臣、百官、地方官员、普通百姓所应尽忠的内容。比如,古人认为帝王以天为父,以地为母,因此《圣君章》就要求君主尽忠于天地与祖先,只有君主尽忠于天地与祖先,恪尽自己的职守,修德任贤,才能够起到上行下效的作用,使民众尽忠于君主。而普通百姓尽忠的责任则简单得多了,《兆人章》认为,在国泰民安的环境里,普通百姓的尽忠行为就是恪守国家法度,孝敬父母兄长,努力生产劳动,按时上缴赋税。从总体来看,作者把尽忠分为君子之忠与小人之忠:"君子尽忠,则尽其心;小人尽忠,则尽其力。尽力者,则止其身;尽心者,则洪于远。"(《尽忠章》)。作者认为,有地位、有文化的君子尽忠于君主,主要是竭尽所能地为国家操心;地位低、文化少的普通民众尽忠于君主,主要是竭尽所能地为国家出力。为国家出力的普通民众,其贡献只能局限于自身;而为国家操心的君子,他们的贡献之大可以影响到遥远的未来。相比较而言,《忠经》更重视君子之忠。

（四）提出以忠保孝的主张

《孝经》主张移孝为忠，而《忠经》反过来主张以忠保孝，二者可以说是相辅相成的关系。《孝经·开宗明义章》："始于事亲，中于事君，终于立身。"而"立身"就是忠于君主，为国建功立业。《忠经·保孝行章》则反过来论证"忠"对"孝"的保障作用："故君子行其孝，必先以忠；竭其忠，则福禄至矣；故得尽爱敬之心，以养其亲，施及于人。此之谓保孝行也。"也就是说，要想孝敬自己的父母，还必须首先忠于君主，因为只有忠于君主，获取君主所恩赐的官爵与俸禄，才能够更好地奉养自己的父母，完成自己的孝道。如果不忠于君主，不仅会危及自身的安全，还会给父母带来羞耻与伤害。所以君子要想对父母行孝，必须首先做到对君主忠诚，这可以说是保护好自己孝行的最佳方案。

（五）介绍了"忠"的效果

人类的所有活动，无非都是为了追求幸福生活，而要想获取幸福的生活，必须处理好三大关系，即天人关系、人际关系、个人身心关系。本书作者认为只要人人都能够做到"忠"，那么这三者关系都能够处于和谐状态，幸福生活自然就会到来。

首先，做到了"忠"，有利于天人关系和谐。"天"在古人那里，至少有两种基本含义，一是自然之天，一是神灵之天，而古人又往往把二者混合使用，那么天人关系既包括神灵与人的关系，也包括自然与人的关系。作者认为，如果人们能够做到"忠"，那么天人关系就会变得极为和谐，因为天地的品性就是"忠"："忠者，中也，至公无私。天无私，四时行；地无私，万物生。"（《天地神明章》）忠，就是至公无私，上天因为没有私心，所以一年四季能够顺利地交替运行；大地因为没有私心，所以万物能够苗壮生长。人们如果能够效法天地，自然是"大亨贞"（《天地神明章》），一切都会大吉大利。《证应章》还专门从因果报应这一角度阐述"忠"的效应："惟天监人，善恶必应。善莫大于作忠，恶莫大于不忠。忠则福禄至焉，不忠则刑罚加焉。……《书》云：'作善降之百祥，作不善降之百殃。'"作者认为,上天时时刻刻都在监视着人们,行善作恶都会得到上天的报应。最大的善事就是忠于君主,最大的恶事就是不忠于君主。忠于君主就能够得到许多福祉与俸禄,不忠于君主就会受到严厉的惩处。作者最后还引用《尚书·伊训》中的话证明这一点:做善事,上天就会为他降下很多的福祉;做坏事,上天就会对他降下很多的灾难。简言之,做到忠诚,是保证天人关系和谐的前提。

其次,有利于人际关系和谐。《天地神明章》说:"忠能固君臣,安社稷,感天地,动神明,而况于人乎!""忠"能够感动天地鬼神,自然更能够感动人,能够使君臣之间的关系更加亲密,使国家安定祥和。《守宰章》还说:"宣君德,以弘其大化;明国法,以至于无刑。视君之人,如观乎子;则人爱之,如爱其亲。"只要官员能够宣扬并继承明君的忠诚美德,弘扬明君的美好教化,在此基础上给百姓讲清楚国家的法律,那么就能够达到不再使用刑罚的目的;如果官员看待君主的百姓,就如同看待自己的子女一样,那么百姓就会热爱这些官员,就如同热爱自己的父母一般。社会不用刑罚,官民关系如同父母与子女一样,这种美好社会景象,都可以通过"忠"来实现。

最后,有利于个人身心和谐。《守宰章》说:"夫人莫不欲安,君子顺而安之;莫不欲富,君子教以富之。笃之以仁义,以固其心;导之以礼乐,以和其气。"人人都想过上安定的生活,那么忠诚的君子就顺应他们的愿望使他们安定下来;人人都想过上富裕的日子,那么忠诚的君子就教导他们使他们富裕起来。然后再用仁义美德加强对他们的品德教育,以此来巩固他们本有的善心;还要用礼乐对他们进行引导,以此使他们变得心平气和。有了平和的心理状态,自然也就解决了身心关系和谐的问题。据《庄子·山木》记载,舜在临死之前,告诫大禹说:"汝戒之哉!形莫若缘,情莫若率。缘则不离,率则不劳;不离不劳,则不求文以待形;不求文以待形,固不待物。"意思是:你要注意啊,行为最好顺应民心,情感最好诚实坦率。顺应民心而民众不会离散,诚实坦率就不会疲惫;民众不离散，心里不疲惫，就不需文饰自己行为；不需文饰行为，就不用再去依赖外物了。忠诚之人之所以能够生活轻松，是因为他"仰不愧于天，俯不怍于人"（《孟子·尽心上》），一个不矫揉造作、真诚坦然的人，自然是心宽体胖、身心愉悦了。

四　《忠经》对后世的影响及版本、注释

《忠经》这本书，一说是汉代作品，一说是唐代作品，甚至有人认为是宋代人所撰。由于《忠经》在唐代之前的史书中未见著录，一直到宋人编著的《崇文总目》中，始有《忠经》之名，因此《忠经》被后人视为伪书。以疑古著称的清代学者姚际恒就断言："托名马融作，其伪无疑。"（《古今伪书考》）当然这些学者还只是停留在怀疑的层面上，因为史书没有记载某种事物，并不能证明这种事物就不存在。

虽然《忠经》被一些学者视为伪书，但在历史上依然产生了一定的影响。戚继光《练兵实纪·储练通论上》说，对于将领的教育，无论他是出身于武士、农夫，还是士人，首先接受教育的不是武略、武艺，而是忠孝思想："首教以立身行己，捍其外诱，明其忠义……其所先读，则《孝经》《忠经》《语》《孟》。……每一章务要身体神会。"由此可见，至迟在明代，《忠经》已经成为军事教育的首选教材。

由于《忠经》面世较晚，不像《孝经》那样经历过秦代焚书坑儒那样的磨难，所以《忠经》各个版本的文字没有太大差异，我们使用的版本是扫叶山房于1919年出版的《百子全书》中所收录的《忠经》，浙江人民出版社1984年出版有该书的影印本。

关于《忠经》的注释本，相传最早的是郑玄的《忠经注》。郑玄曾经师从《忠经》的作者马融："融门徒四百余人，升堂进者五十余生。融素骄贵，玄在门下，三年不得见，乃使高业弟子传授于玄。玄日夜寻诵，未尝怠倦。会融集诸生考论图纬，闻玄善算，乃召见于楼上，玄因从质诸疑义，问毕辞归。融喟然谓门人曰：'郑生今去，吾道东矣。'"（《后汉

书·郑玄列传》)但郑玄是否真的注释过《忠经》,后人持怀疑态度,《四库全书总目》说的"旧本题汉马融撰。郑玄注。其文拟《孝经》为十八章,经与注如出一手",实际就是怀疑《忠经》是后人假借马融与郑玄之名而伪造了《忠经》的正文与注释,而且是同出一人之手。当然,这毕竟只是怀疑,并无确凿证据坐实这种怀疑。

　　应该说,《忠经》的正文较为通俗易懂,再加上这本书面世较晚,其真伪又受到后人的怀疑,因此历代注释者相对较少。我们献给读者的这本译注,主要参考了郑玄的注释,在注释与译文之外,还增加了"解读"部分,对《忠经》的一些思想观念做了举例说明。对于本书译注与解读中的不当之处,还望读者不吝指正。

张景　张松辉

2022年5月

序

  《忠经》者,盖出于《孝经》也①。仲尼说②:"孝者,所以事君之义③。"则知孝者,俟忠而成之④。所以答君、亲之恩⑤,明臣、子之分⑥。忠不可废于国,孝不可弛于家⑦。孝既有经⑧,忠则犹阙⑨,故述仲尼之说⑩,作《忠经》焉。

【注释】

①盖出于《孝经》也:撰写的动机与形式都是来自《孝经》的启发。盖,连词。连接上一句或上一段,表示推论原因。

②仲尼:孔子。孔子子姓,孔氏,名丘,字仲尼。

③所以事君之义:讲的就是事奉君主的原则。义,原则。

④俟(sì)忠而成之:还需要用忠君的行为来完成孝道。俟,等待,需要。《孝经·开宗明义章》:"始于事亲,中于事君,终于立身。"而"立身"就是为国建功立业。《忠经·保孝行章》:"故君子行其孝,必先以忠;竭其忠,则福禄至矣;故得尽爱敬之心,以养其亲,施及于人。此之谓保孝行也。"也就是说,要想孝敬父母,还必须忠于君主,因为只有忠于君主,才能获取官位与俸禄,以完成自己对父母的孝行。

⑤所以答君、亲之恩：这就是报答君主、父母恩德的原则。所以，……原则。亲，父母。

⑥分：职分，责任。

⑦弛：放松，废除。

⑧孝既有经：讲孝道的已经有了经书。指有了《孝经》。

⑨忠则犹阙（quē）：而阐述忠君的书籍却还没有。阙，缺乏，没有。

⑩述：遵循，继承。

【译文】

《忠经》这本书，其撰写的动机与形式都是来自《孝经》的启发。孔子说："孝敬父母的原则，实际上也是忠于君主的原则。"那么我们由此可以知道孝敬父母的责任，最终还要用忠于君主的行为去完成它。因此我们要讲述报答君主、父母恩情的原则，阐明臣下忠于君主、子女孝敬父母的责任。一个国家不可以废除忠君的原则，一个家庭也不可以废除孝敬父母的道义。阐述孝顺父母的已经有了经书，而阐述忠于君主的经典却还没有，因此我就继承孔子关于孝道的学说，撰写了这部《忠经》。

今皇上含庖、轩之姿①，韫勋、华之德②，弼贤俾能③，无远不举④。忠之与孝，天下攸同⑤。臣融岩野之臣⑥，性则愚朴⑦，沐浴德泽⑧，其可默乎？作为此经，庶少裨补⑨。虽则辞理薄陋⑩，不足以称，忠之所存，存于劝善；劝善之大，何以加于忠、孝者哉？

【注释】

①今皇上含庖（páo）、轩之姿：如今皇上具备了伏羲、黄帝那样的容貌风度。含，包含，具有。庖，指传说中的圣王伏羲氏，即太昊。相传他首创八卦，教民捕鱼畜牧，以充庖厨，故又名庖牺或包牺。

轩,指传说中的圣王黄帝。姓公孙,因居住在轩辕之丘,故称轩辕
氏。姿,资质,才干。

② 韫(yùn)勋、华之德:具备了唐尧、虞舜那样的美德。勋,即尧。
传说中的圣君。尧为帝喾之子,姓伊祁,名放勋,一说号放勋。初
封于陶,后徙于唐,故称陶唐氏,又称唐尧。华,即舜,传说中的圣
君。姚姓,一说妫姓,名重华,因其先国于"虞",故史称虞舜。

③ 弼贤俾(bǐ)能:以贤人为辅佐大臣,让有才能的人担任官职。
弼,辅佐。这里是让……辅佐自己。俾,使用,任用。

④ 无远不举:无论生活在任何遥远、偏僻之地的贤人,都能够得到
举用。

⑤ 天下攸同:这是天下人所共同认可的正确原则。攸,放在动词前
面,组成名词性词组,相当于"所"。

⑥ 臣融岩野之臣:我马融是个山野之人。这是谦辞。融,即本书的
作者马融(79—166),字季长,扶风茂陵(今陕西兴平)人。东汉
时期著名的经学家。他先后任校书郎、郡功曹、议郎、从事中郎、
南郡太守等职,后因得罪大将军梁冀而被剃发流放,途中自杀未
遂,后免罪召还,再任议郎,又回东观校勘儒学典籍,后因病离职。
马融综合各家学说,遍注群经,他设帐授徒,不拘儒者礼节,门人
常有千人之多,卢植、郑玄等都是他的弟子。岩,高峻的山崖。代
指深山老林。关于马融的生平,详见《后汉书·马融列传》或本
书的"前言"。

⑦ 愚朴:愚钝。朴,没有经过加工的木材。这里比喻自己没有受过
很好的教育。这是谦辞。

⑧ 沐浴德泽:受到皇上的恩德。沐浴,洗澡。比喻受到润泽、恩泽。

⑨ 庶少裨(bì)补:希望能够多少对国家、民众有所帮助。庶,希望。
少,稍微。裨,弥补,补助。

⑩ 虽则辞理薄陋:虽然言辞、道理都讲得十分浅薄、粗劣。陋,简陋,

粗劣。这是谦辞。

【译文】

如今皇上具有伏羲、黄帝那样的资质才干，具备唐尧、虞舜那样的高尚美德，以贤人为辅佐大臣，让有才能的人担任各级官职，无论生活在任何遥远、偏僻之地的贤人，都能够得到皇上的举用。忠于君主与孝敬父母，是天下所有人所共同认可的正确原则。我马融虽然只是一个山野之人，生性愚钝，但也沐浴着皇上的恩泽，我怎么能够默不作声呢？我撰写这部《忠经》，目的就是希望能够多少对国家有所裨益。虽然我讲的言辞与道理都很浅薄粗劣，不值得人们称道，但这本书包含的却是忠君之道，内容都是在劝人为善；而劝告民众所应该做的最大善事，又有哪一样能够超过忠于君主、孝敬父母呢？

夫定高卑以章目①，引《诗》《书》以明纲②，吾师于古③，曷敢徒然④？其或异同者⑤，变易之宜也⑥。或对之以象其意⑦，或迁之以就其类⑧，或损之以简其文⑨，或益之以备其事⑩。以《忠》应《孝》⑪，亦著为十有八章⑫，所以洪其至公⑬，勉其至诚，信本为政之大体⑭。陈事君之要道⑮，始于立德，终于成功，此《忠经》之义也。

谨序⑯。后汉南郡太守马融撰⑰。

【注释】

①夫定高卑以章目：根据人物地位的高低来确定各章的次序。卑，低。比如，《忠经》在带有总论性质的第一章《天地神明章》之后，就是依据社会地位的高低，依序安排了《圣君章第二》《冢臣章第三》《百工章第四》《守宰章第五》《兆人章第六》。

②引《诗》《书》以明纲：引用《诗经》《尚书》中的格言来阐明各章

的主旨。《诗》《书》，即《诗经》与《尚书》，均为儒家的经典。明，
阐明。纲，主题，主旨。

③吾师于古：我是效法古人这样写的。师，师从，效法。古，古人。
这里具体指的是《孝经》的作者。关于《孝经》的作者，众说纷
纭，可参阅《孝经》的"前言"。《忠经》依序安排的《圣君章第二》
《冢臣章第三》《百工章第四》《守宰章第五》《兆人章第六》，就是
明显效法《孝经》的《天子章第二》《诸侯章第三》《卿大夫章第
四》《士章第五》《庶人章第六》。另外，"引《诗》《书》以明纲"
的写作格式，同样是效仿《孝经》。

④曷敢徒然：我怎敢毫无凭据地如此撰写呢？曷，何，怎么。徒然，
空无所据的样子。

⑤其或异同者：有些章节与《孝经》的相应章节不同，有些章节与
《孝经》的相应章节一样。如《忠经》的前七章，与《孝经》的安
排是一致的，内容也较为相似，而《广为国章第十一》的内容与
《孝经·五刑章第十一》则不能完全对应。

⑥变易之宜也：根据不同情况进行适当的改变。易，改变。宜，适
当，恰当。

⑦或对之以象其意：有的章节对应着《孝经》的章节以效仿它的内
容。或，有的。这里具体指有的章节。对，对应。之，代指《孝
经》中相关章节。象，模仿，效仿。意，意思，内容。

⑧或迁之以就其类：有的章节内容稍有改变以接近《孝经》相应章
节中的内容。迁，改变，不完全一致。就，接近。类，类似内容。

⑨或损之以简其文：有的章节减少一些字数以保证文字的简洁。
损，减少。

⑩或益之以备其事：有的章节增加了字数以保证叙事的完备。

⑪以《忠》应《孝》：用《忠经》去对应《孝经》。应，对应。

⑫亦著为十有八章：也撰写了十八章。《孝经》一共十八章，为了对

应《孝经》,《忠经》也是十八章。有,用在整数与零数之间,相当于"又"。

⑬所以洪其至公:以此来弘扬人们大公无私的品德。洪,大,弘扬。

⑭信本为政之大体:忠于君主本来就是为官从政的主要原则。信,诚信,忠诚。为政,从政,做官。大体,主要原则。《论语·颜渊》:"子贡问政,子曰:'足食,足兵,民信之矣。'子贡曰:'必不得已而去,于斯三者何先?'曰:'去兵。'子贡曰:'必不得已而去,于斯二者何先?'曰:'去食。自古皆有死,民无信不立。'"孔子认为诚信是治国的最重要原则,马融则侧重于强调对君主的忠诚。

⑮陈事君之要道:陈述事奉君主的主要原则。要道,主要原则。

⑯谨序:我慎重地写了这篇序言。谨,谨慎,慎重。

⑰后汉:又称东汉。朝代名,公元25年—220年。为刘邦后裔、光武帝刘秀所建立,都城在洛阳(今河南洛阳)。南郡:地名,郡治在今湖北江陵。太守:官名。负责一郡的政务。

【译文】

　　我根据人物地位的高低来确定各章的次序,引用《诗经》与《尚书》中的格言来阐明各章的主旨,我这样安排是效仿《孝经》的写法,我个人怎敢毫无凭据地如此撰写呢?有些章节与《孝经》的相应章节不同,有些章节与《孝经》的相应章节一致,这是根据实际情况进行了适当的调整。有的章节对应着《孝经》的相关章节以效仿它的内容,有的章节内容稍有改变以接近《孝经》相关章节的主旨;有的章节减少了一些字数以保证文字的简洁,有的章节增加了一些字数以确保叙事说理的完备。我用《忠经》去对应《孝经》,所以也撰写了十八章,以此来弘扬人们大公无私的品德,以勉励人们对君主竭尽忠诚,因为诚信本来就是为官从政的最主要原则。我所要陈述的侍奉君主的重要原则就是,开始要修养好自己的品德,最终为国家建功立业,这也是《忠经》的基本要义。

　　我慎重地写下这篇序言。后汉南郡太守马融撰。

天地神明章第一

【题解】

天地神明，指天地的神灵。理解为天地与神灵也可。本章对"忠"的含义与作用做了概括性阐释。"忠"就是精诚专一，首先要专心修养自身品德，其次要忠于家庭，最终要忠于国家，为国尽忠是"忠"的最高境界。只要能够做到精诚专一，就可以感动天地、神灵，就能够获取无限的福佑。

本书的《序》说："《忠经》者，盖出于《孝经》也。"也就是说，《忠经》是模仿《孝经》撰写的，那么本章就相当于《孝经》的《开宗明义章第一》，它不仅像《开宗明义章》概述孝道那样概述了忠诚的基本内涵及其重要性，就连结构安排、遣词造句也与《开宗明义章》极为相似。

昔在至理①，上下一德②，以征天休③，忠之道也。天之所覆，地之所载，人之所履④，莫大乎忠⑤。忠者，中也⑥，至公无私。天无私，四时行⑦；地无私，万物生；人无私，大亨贞⑧。忠也者，一其心之谓也⑨。为国之本⑩，何莫繇忠⑪？忠能固君臣⑫，安社稷⑬，感天地，动神明⑭，而况于人乎？夫忠，兴于身⑮，著于家⑯，成于国，其行一焉。是故⑰，一于其身，忠之始也；一于其家，忠之中也⑱；一于其国，忠之终也。身一，则百禄至⑲；家一，则六亲和⑳；国一，则万人理㉑。《书》云㉒："惟精惟一，允执厥中㉓。"

【注释】

①昔在至理：在古代按照天理治理国家的时候。也即在大道流行、最为美好的社会里。昔，从前，古代。至理，最高的真理，天理。

②上下一德：君民同心同德。上下，指君主与臣民。

③以征天休：因此获得了上天的褒扬与恩赐。以，因，因此。征，征求，求取。休，美好，吉祥。古人认为，政治清明公正，民众品行美好，就可以获取上天的褒扬，从而出现许多吉祥的征兆，这就是古人特别重视的天人感应思想。详见"解读一"。

④履：履行，遵循。

⑤莫大乎忠：没有任何原则比忠诚更为重要。《孝经·开宗明义章》说孝是"至德要道"，是"德之本也，教之所由生也"，《忠经》又说"天之所覆，地之所载，人之所履，莫大于忠"，那么"孝"与"忠"究竟哪个更为重要？详见"解读二"。

⑥中：中正，正确。郑玄《忠经注》在"忠者，中也，至公无私"下注："不正其心而私于是，则与忠反也。"一说"中"是指做事不偏不倚，恰如其分，古人又称之为"中行""中庸"。一说"中"是"符合"的意思，指"忠"符合天理。

⑦四时行：四季顺利交替运行。四时，四季。

⑧大亨贞：非常的顺利，大吉大利。大，非常。亨，顺利。贞，正确。

⑨一其心之谓也：说的就是一心一意啊。谓，说。

⑩为国之本：治国的根本。为，动词。治理。

⑪何莫繇（yóu）忠：为什么不走忠诚这条路呢？莫，不。繇，通

"由"。经由，通过。

⑫固君臣：巩固君臣之间的亲密关系。

⑬安社稷（jì）：使国家安定祥和。社是土神，稷是谷神，两者都是古代社会最重要的根基。历代王朝建立时，一定要先立社稷庙坛；灭人之国，必先变置灭亡之国的社稷，因此，社稷慢慢就成为国家、政权的标志与代名词。

⑭动神明：感化神灵。神明，指天神地祇。

⑮兴于身：使自身兴旺。本句也可以理解为"首先从自身做起"，"兴"理解为兴起，起始。

⑯著于家：使家庭兴旺发达。著，明显，显赫。这里引申为兴旺发达。

⑰是故：因为这个缘故，因此。

⑱忠之中：是进一步地践行了忠诚原则。因为"一于其家"介于"一于其身"与"一于其国"之间，故称之为"忠之中"。中，中间阶段。

⑲百禄：各种福佑。百，泛指很多。禄，福气，幸福。

⑳六亲和：亲人之间和睦相处。六亲，历来说法不一。《老子》："六亲不和有孝慈。"王弼注认为指父、子、兄、弟、夫、妇。这里泛指亲人。

㉑理：条理，有条有理。这里指社会井然有序，安定祥和。

㉒《书》：即《尚书》。现存的最早古籍之一，主要内容是上古时期政府的重要文告。为儒家"五经"之一。

㉓惟精惟一，允执厥中：要做到精诚专一，要真诚地遵循那条不偏不倚的中庸之道。惟，句首或句中的发语词。精，精诚。允，真诚。执，执行，遵守。厥，那，那个。中，做事不偏不倚，恰如其分。也即儒家所推崇的中庸之道。这两句出自《尚书·大禹谟》："人心惟危，道心惟微；惟精惟一，允执厥中。"宋明理学极为重视这十六个字，简称为"十六字心传"，认为这是由儒家圣人一脉相传的

道统心法。

【译文】

在古代按照天理治理国家的时候，君民上下同心同德，因此获取了上天的褒扬与福佑，这个天理就是指忠诚这一原则。上天所覆盖的地方，大地所承载的万物，人类所要遵循的各种原则，没有哪一样比忠诚更为重要。所谓的忠诚，就是要有正确的思想，就是要做到极为公正而毫无私心。上天因为没有私心，所以一年四季能够顺利地交替运行；大地因为没有私心，所以万物能够茁壮成长；一个人因为没有私心，所以他所做的一切都会大吉大利。所谓的忠诚原则，说的就是一心一意。忠诚是治国的根本，我们为什么不去遵循忠诚这一原则呢？忠诚能够巩固君臣之间的亲密关系，能够使国家长治久安，能够感动天地，能够感化神灵，更何况是人呢？忠诚这种品质，可以使个人兴旺，可以使家庭发达，可以使国家繁荣富强，忠诚的行为原则就是要做到精诚专一。因此，自身进行道德修养时必须做到精诚专一，这是履行忠诚原则的起点；对家庭也要做到精诚专一，这是履行忠诚原则的进一步发展；对国家同样要做到精诚专一，这是履行忠诚原则的最终目标。自身修养时做到了精诚专一，就会获取各种福佑；全家人做到了精诚专一，亲人之间就能够和睦相处；全国人都做到了精诚专一，那么亿万百姓的生活就会井然有序、安定祥和。《尚书·大禹谟》说："要做到精诚专一，要真诚地遵循那条不偏不倚的中庸之道。"

【解读】

一

"昔在至理，上下一德，以征天休"这几句讲的是天人感应思想。古人对大自然的了解十分有限，当他们面对自然界的各种现象时，不可避免地会产生无限的畏惧心理和探求欲望。这种畏惧心理和探求欲望集中地体现在古人的"天人感应"思想之中。天人感应思想主要包括两大类别，一是神学化的天人感应思想，二是自然化的天人感应思想。

所谓神学天人感应思想，是说古人认为有一个人格化的天帝时刻在监视着人间，他根据人们行为好坏予以赏赐或惩罚。西周初年的人们就提出了"皇天无亲，惟德是辅"（《尚书·蔡仲之命》）的观念，意思是天帝对谁都不亲近，只帮助品德美好的人。到了西汉董仲舒时，神学天人感应思想臻于完备。他认为君主政治清明，上天就高兴，就会降下许多的祥瑞，如风调雨顺、彩云、凤凰、甘露等等。如果君主政治黑暗，上天就会震怒，就会降下许多谴责的征兆，如日食、水灾、地震、瘟疫等等。倘若君主还不知道改过自新，那么上天就要抛弃他，另选他人当君主了。

自然天人感应思想的主要观点是：包括人在内的天地万物都是阴阳二气和合而成，根据"同声相应，同气相求"（《周易·乾卦·文言》）的感应理论，人之气会直接影响到自然之气。如果社会安定，百姓生活幸福，人们就会向自然界散放出一种和谐喜庆之气，这种气就能够使自然界天清地宁、风和日丽；自然界的和谐又会进一步促进人们生活的和谐，从而形成一种良性循环。如果社会动乱，百姓流离失所，人们就会向自然界散放出一种郁闷怨愤之气，这种气就能够使自然界天昏地暗、风雨不调；自然灾害反过来又加剧了人们生活的苦难，从而形成一种恶性循环。自然天人感应思想并不科学，但对今天还是具有一定的启示作用：人如何对待自然，自然就会如何回报人。

二

《孝经·开宗明义章》说孝是"至德要道"，是"德之本也，教之所由生也"，《忠经·天地神明章》又说"天之所覆，地之所载，人之所履，莫大乎忠"，那么"孝"与"忠"究竟哪个更为重要？这是古人反复争论的一个大问题。

关于孝与忠在人们心中的分量及其在社会生活中的地位，《庄子·人间世》中有一个解说：

仲尼曰："天下有大戒二：其一，命也；其一，义也。子之爱亲，命也，不可解于心；臣之事君，义也，无适而非君也，无所逃于天地之间。是之谓大戒。是以夫事其亲者,不择地而安之,孝之至也;夫事其君者,不择事而安之,忠之盛也。"

这段话是孔子讲的,也得到庄子的认同。他们认为,儿女对父母的孝敬之心,是命,是大自然所赋予的天性,是一种自然而然的情感;臣民忠于君主,是人为的一种原则,是迫不得已的行为,因为"溥天之下,莫非王土"(《诗经·小雅·北山》),一个人无论生活在任何地方,都不得不侍奉君主。孝来于自然,忠出自人为,二者的高下轻重一目了然。

正是因为孝出于自然,发自天性,所以不少人在忠孝二者出现矛盾的时候,毫不犹豫地选择了孝。《三国志·魏书·邴原传》注引《原别传》记载:

> 太子燕会,众宾百数十人,太子建议曰:"君、父各有笃疾,有药一丸,可救一人,当救君邪?父邪?"众人纷纭,或父或君。时原在坐,不与此论。太子咨之于原,原悖然对曰:"父也。"太子亦不复难之。

文中说的"太子"即曹操的儿子曹丕,也即后来的魏文帝;"原"指儒学修养极为深厚的魏国大臣邴原。有一次,曹丕宴请上百位客人,在宴会上,曹丕向大家提出一个难题:"当君主和父亲都患上重病时,而自己只有一丸药,只能救活一个人,那么是应该去救治君主呢?还是应该去救治父亲呢?"曹丕的这个问题与今天的"妈妈和媳妇掉进水里先救谁"的问题一样,使人陷入两难。客人们议论纷纷,有的主张救父,有的主张救君,而邴原面对这个坑人难题一语不发。曹丕就主动去询问邴原的意见,邴原非常气愤地大声回答:"当然是要救父亲。"邴原的回答不仅诚实,也符合多数儒家人士的意见,因此他回答起来显得理直气壮,而曹丕也无以责难他。

人们常说"忠孝不能两全",历史上却有人努力做到两者兼顾。《史记·循吏列传》记载:

> 石奢者,楚昭王相也。坚直廉正,无所阿避。行县,道有杀人者,相追之,乃其父也。纵其父而还自系焉,使人言之王曰:"杀人

者，臣之父也。夫以父立政，不孝也；废法纵罪，非忠也；臣罪当死。"王曰："追而不及，不当伏罪，子其治事矣。"石奢曰："不私其父，非孝子也；不奉主法，非忠臣也。王赦其罪，上惠也；伏诛而死，臣职也。"遂不受令，自刎而死。

石奢是春秋时期楚国的国相。有一次，石奢在巡视地方政务时，追捕到一个逃亡的杀人犯，见面后，才知道这个杀人犯是自己的父亲。于是石奢就把父亲放走，而把自己囚禁起来，他拒绝接受楚昭王的赦免，自杀而死。石奢对自己这一行为的解释是："杀人的人，是自己的父亲。我如果为了维护国家法律去判处父亲死罪，那就是对父亲的不孝；如果置国家法律于不顾而放走杀人犯，那就是对君主的不忠。"在两难选择面前，石奢以自杀的方式希图做到忠孝两全。虽然这一方式未必妥当，但也展现了古人在这一方面所做的努力尝试。

最后我们要说明的是，人们常说"忠孝"，而不说"孝忠"，从字序排列来看，似乎"忠"比"孝"更为重要。关于这一点，我们试举《世说新语·排调》中的一个故事：

诸葛令、王丞相共争姓族先后。王曰："何不言'葛、王'，而云'王、葛'？"令曰："譬言'驴马'，不言'马驴'，驴宁胜马邪？"

东晋时期，尚书令诸葛恢和丞相王导争论姓氏的先后问题，也即两人的姓氏孰贵孰贱。王导说："为什么人们都不说'葛、王'，而说'王、葛'呢？"可见"王"为先为贵，"葛"为后为贱。诸葛恢回答说："这就好比人们常说'驴马'而不说'马驴'那样，'驴'虽在'马'前，难道驴就能贵于马吗！"诸葛恢认为人们常说"王、葛"，只是因为这样说起来顺口而已，并不能以此证明"王"比"葛"更高贵，并用人们常说"驴马"作为证据，以说明排在前面的名称未必就更重要。"忠孝"的字序排列也是如此，可能是因为这样排序说起来更为顺口，也可能是由于统治者的有意提倡，但这种字序排列并不能证明"忠"在民众心里的分量就重于"孝"。应该说，包括孔子在内的大部分古人都认为孝重于忠。

圣君章第二

【题解】

　　圣君，圣明的君主。本章模仿《孝经·天子章第二》。《天子章》认为帝王以天为父，以地为母，《圣君章》则要求君主必须尽忠于天、地、祖先。本章认为，只有君主尽忠于天、地、祖先，恪尽自己的职守，修德任贤，才能够起到上行下效的作用，使民众尽忠于君主。

　　惟君以圣德监于万邦①，自下至上，各有尊也②。故王者，上事于天③，下事于地，中事于宗庙④，以临于人，则人化之⑤，天下尽忠以奉上也⑥。是以兢兢戒慎⑦，日增其明，禄贤官能⑧，式敷大化⑨，惠泽长久⑩，黎民咸怀⑪。故得皇猷丕丕⑫，行于四方，扬于后代⑬，以保社稷，以光祖考⑭。盖圣君之忠也⑮。《诗》云⑯："昭事上帝，聿怀多福⑰。"

【注释】

　　①惟：句首语气词。监：监临，治理。万邦：万国。这里泛指整个天下。

　　②各有尊也：各自都有各自应该尊崇的对象。根据下文，圣君应该尊崇的对象是天、地、先祖。

③事：事奉。

④宗庙：古代祭祀祖先的处所。这里代指祖先。

⑤则人化之：那么民众就会听从圣君的教化。

⑥天下尽忠以奉上也：天下的民众就会忠心耿耿地侍奉他们的君主。上，指君主。

⑦是以兢兢戒慎：因此君主要战战兢兢、小心谨慎。是以，因此。兢兢，小心谨慎的样子。本句的主语是君主。

⑧禄贤官能：把官位与俸禄授予那些贤良能干的人。也即提拔贤良能干的人做官。禄，俸禄。这里用作动词，把俸禄授予。官，官职。这里用作动词，把官职授予。

⑨式敷（fū）大化：把美好的教化普遍推广开去。式，发语词。敷，全面，普遍。大，伟大，美好。

⑩惠泽长久：长久地对民众普施恩泽。

⑪黎民：百姓，民众。黎，众多。咸怀：都会归附。咸，都。怀，归向，归附。

⑫故得皇猷（yóu）丕丕：因此能够使帝王的谋略变得正确而深远。得，能够。猷，谋略。丕丕，伟大的样子。这里用来形容谋略的正确与美好。

⑬扬于后代：扬名于后世。扬，扬名。

⑭以光祖考：以此光宗耀祖。光，光荣，光耀。祖考，祖先。考，原指去世的父亲，这里泛指祖先。

⑮盖：句首语气词。表示推测。

⑯《诗》：即《诗经》，儒家“五经”之一。

⑰昭事上帝，聿（yù）怀多福：勤勉努力地侍奉上帝，我们就能够获取很多的福祉。昭，高亨《诗经今注》：“昭，借为劭。《说文》：‘劭，勉也。’此句言文王勤勉侍奉上帝。”一说，“昭”是光明正大的意思，“昭事上帝”即光明正大地侍奉上帝。聿，句首语气词。

怀,来,招来。朱熹《诗集传》:"怀,来。"这两句诗出自《诗经·大雅·大明》,原诗的内容主要是歌颂周王季、周文王、周武王。

【译文】

君主要凭借圣明的品德去治理整个天下,自下而上的所有人,都有各自应该尊崇的对象。因此那些帝王,上面要尊崇、侍奉上天,下面要尊崇、侍奉大地,中间要尊崇、侍奉自己的祖先,以此来治理民众,那么民众就会听从帝王的教化,天下民众也就会忠心耿耿地尊崇、侍奉他们的君主。因此做君主的要战战兢兢、小心谨慎,一天一天地不断增添自己的智慧,选拔贤良、能干的人担任各级官职,把美好的教化普遍推广开去,长期地对百姓施以恩惠,那么千千万万的民众都会前来归附。这样就能够使圣君的谋略变得正确而深远,并把这些谋略推广到整个天下,从而使自己能够扬名于后世,以保护好自己的国家,还能够以此光耀祖。这大概就是圣君所要尽忠的内容吧。《诗经·大雅·大明》说:"勤勉努力地侍奉上帝,我们就能够获取很多的福祉。"

【解读】

本章的主旨与墨子的尚同思想有许多相似之处。《墨子·尚同上》说:

古者民始生未有刑政之时,盖其语人异义。是以一人则一义,二人则二义,十人则十义。其人兹众,其所谓义者亦兹众。是以人是其义,以非人之义,故交相非也。

墨子认为,在早期人类刚刚出现的时候,还没有统一的刑法政教,人们在表达意见时各不相同。所以一个人就有一种意见,两个人就有两种意见,十个人就有十种意见。人越多,不同的意见也就越多。每个人都认为自己的意见正确,而去批评别人的意见,因而相互攻击,社会也就会变得乱糟糟的。

为了改变这种乱糟糟的局面,就要做到"尚同"。所谓的"尚同",就是崇尚同一(也即统一),百姓要同一于里长,里长要同一于乡长,乡长要同一于诸侯国君,诸侯国君要同一于天子。简言之,就是下级要服

从上级,做到全国同一。但同一的程序还不能到此为止,还必须更进一步,天子还要同一于上天:

> 天下之百姓皆上同于天子,而不上同于天,则灾犹未去也。今若天飘风苦雨,溱溱而至者,此天之所以罚百姓之不上同于天者也。

(《墨子·尚同上》)

墨子认为,天下的百姓都要同一于天子,如果天子不能同一于上天,只管按照个人意志行事,那么灾祸还是不能彻底消除。如果上天降下了各种各样的灾难,这就是上天对那些不与上天同一的百姓的惩罚。这里字面上说的是"百姓",实际上是在用委婉的口气指责天子,因为百姓已经同一于天子了,如果再出现什么不同一于上天的失误,那自然是天子的责任了。

墨子要求人们自下而上地逐步同一于天子,而天子同一于上天;本章则要求人们自下而上地逐步尊重并忠于君主,而君主则要尊重并忠于天地与先祖。可以说,二者的思路本质上是一致的。

冢臣章第三

【题解】

冢臣，大臣。这里具体指朝廷中的少数重臣，如宰相、太尉、御史大夫等。冢，大，重要。本书作者马融为东汉中晚期人，此时已经没有像孔子时代那样的诸侯国存在，所以他就用《冢臣章第三》对应《孝经·诸侯章第三》。本章认为大臣的最基本品质就是忠于君主，而忠于君主的行为不仅仅体现在奉君忘身、徇国忘家、正色直辞、临难死节这些事情上，更重要的是要运筹帷幄，治国安民，使君主的美德犹天地之伟大，如日月之光明。

为臣事君，忠之本也，本立而后化成①。冢臣于君，可谓一体②，下行而上信，故能成其忠③。夫忠者，岂惟奉君忘身④，徇国忘家⑤，正色直辞⑥，临难死节而已矣⑦？在乎沉谋潜运⑧，正国安人⑨，任贤以为理，端委而自化⑩。尊其君，有天地之大⑪，日月之明，阴阳之和⑫，四时之信⑬，圣德洋溢⑭，颂声作焉⑮。《书》云⑯："元首明哉⑰！股肱良哉⑱！庶事康哉⑲！"

【注释】

① 本立而后化成：忠于君主的根本品质建立了，然后君主的教化才能够成功。本，指忠诚这一基本品质。

② 冢（zhǒng）臣于君，可谓一体：朝廷重臣与君主的关系，就是一个不可分割的整体。冢臣，大臣。冢，大，重要。"冢臣"与下一章的"百工"相对应，"冢臣"指朝廷中的少数重臣，而"百工"则泛指朝廷百官。关于君臣之间的关系，见"解读一"。

③ 下行而上信，故能成其忠：臣下的行为能够得到君主的信任，臣下才能够成就自己的忠诚。忠臣得不到君主的信任，从而导致国破家亡的例子，见"解读二"。

④ 岂惟奉君忘身：难道仅仅体现在事奉君主时要忘却自我这一方面。岂，难道。惟，仅仅。

⑤ 徇国忘家：为国捐躯而忘记自己的家庭。徇，通"殉"。为某种目的而付出生命。

⑥ 正色直辞：表情严肃，直言敢谏。正色，表情端庄严肃。正，端庄严肃。色，表情。直辞，正直的言辞。

⑦ 临难死节：面临国难宁死不屈。死节，为保持忠贞节操而死。

⑧ 沉谋：深谋，周密的谋划。潜运：深谋。

⑨ 正国：治理好国家。正，治理。一说是"匡正国家失误"的意思。"正"理解为纠正，匡正。

⑩ 端委而自化：只用穿着朝服就能够让民众自我化育发展。端委，端正而宽大的朝服叫"端委"。这里用作动词。这句话的意思就是无为而治。《论语·卫灵公》："子曰：'无为而治者，其舜也与？夫何为哉，恭己正南面而已矣。'"

⑪ 有天地之大：就像天地那样伟大。

⑫ 阴阳之和：就像阴阳二气那样和谐。古人认为，阴阳二气相互调和，就能够生出万物。

⑬四时之信：就像四季按时转换那样的诚信无欺。四时，春夏秋冬
　　四季。信，诚信。四季按时交替出现，从不欺人。

⑭洋溢：充盈、盛多的样子。这里指君主圣明的美名传遍整个天下。

⑮颂声作焉：歌颂的声音就会出现了。作，产生。

⑯《书》：指《尚书》，儒家"五经"之一。

⑰元首明哉：君主真是圣明啊！元首，本指人的头部，《尔雅·释诂
　　下》："元，首也。"古人往往用"元首"比喻君主。

⑱股肱（gōng）良哉：大臣们真是优秀啊。大腿叫股，胳膊由肘至肩
　　的部分叫肱，古人往往用"股肱"比喻大臣。

⑲庶事康哉：各种事情都办得十分稳妥。庶，众多。康，美好，稳妥。
　　以上这三句话出自《尚书·益稷》。

【译文】

　　做大臣的在侍奉君主时，最基本的品质就是要忠于君主，有了这一
基本品质才能够保证君主教化的成功。大臣与君主的关系，就是一个不
可分割的整体，臣下的行为能够得到君主的信任，臣下才能够成就自己
的忠诚。忠于君主的行为，难道仅仅只是侍奉君主时忘却自我、能够为
国捐躯而舍弃家庭、敢于表情严肃地直言进谏、面对国难誓死不屈这样
一些行为吗？更重要的是要有周密的谋划，治理好自己的国家，安顿好
自己的百姓，重用贤才而让他们去治理国家，自己只用穿着朝服就能够
让民众顺利地自我化育发展。大臣要尊崇自己的君主，要让自己的君主
犹如天地那样的伟大，就像太阳和月亮那样的光明，还好像阴阳二气那
样的和谐，还好比春夏秋冬四季按时转换那样的诚信无欺，让君主圣哲
的美名传遍整个天下，国家到处都是一片欢乐、歌颂的声音。《尚书·益
稷》就描述过这种情景："君主真是圣明啊！辅佐大臣真是贤良啊！各
种事情都办得十分稳妥啊！"

【解读】

一

古人有"君臣一体"的观念，他们往往把君主比作"元首"，把臣下比作"股肱"，彼此是相辅相成、不可分割的关系。然而这不过只是一种美好的政治理想而已，在现实中很难完全实现。在现实政治中，君臣往往是若即若离、时分时合。如何正确处理君臣之间的关系，古人也有许多不同的论述。

孔、孟提倡忠君，但孔、孟的忠君是有前提的。孔子说"君使臣以礼，臣事君以忠。"(《论语·八佾》)臣下应该忠于君主，但忠于君主的前提是君主要待臣以礼。这一要求是极为合理的，因为只有"元首"善待"股肱"，"股肱"才能够善待"元首"。孟子对此讲得更为激切：

> 君之视臣如手足，则臣视君如腹心；君之视臣如犬马，则臣视君如国人；君之视臣如土芥，则臣视君如寇仇。(《孟子·离娄下》)

孟子的主张是：君主看待臣下如同自己的手足，那么臣下看待君主就会如同自己的腹心；君主看待臣下如同犬马，那么臣下看待君主就会如同路人；君主看待臣下如同泥土草芥，那么臣下看待君主就会如同强盗仇敌。孟子主张君臣之间的关系应该是投桃报李的关系，否则就可以睚眦必报。孟子甚至与文子一样，坚决主张流放或者杀掉那些暴君：

> 有南面之名，无一人之誉，此失天下也。故桀、纣不为王，汤、武不为放。(《文子·下德》)

> 齐宣王问曰："汤放桀，武王伐纣，有诸？"孟子对曰："于传有之。"曰："臣弑其君，可乎？"曰："贼仁者谓之'贼'，贼义者谓之'残'。残贼之人谓之'一夫'。闻诛一夫纣矣，未闻弑君也。"(《孟子·梁惠王下》)

文子认为暴君是没有资格称为"王"的，而孟子也同样认为暴君是没有资格称为"君"的，因此，二人也都认为放杀暴君是合情合理的事情，不能算是犯上。君主残暴，可以铲除他；君主对自己不好，自己也可以抛弃他。

　　然而到了后来，孔、孟的忠君前提被阉割了。《史记·儒林列传》记载，西汉时期，辕固生与黄生在汉景帝面前发生了争论。黄生认为"汤非受命，乃弑也"，而辕固生反对说："不然。夫桀、纣虐乱，天下之心皆归汤、武……汤、武不得已而立，非受命为何？"黄生以"冠虽弊，必加于首；履虽新，必关于足"来论证上下秩序不可颠倒：帽子再破烂，也要戴在头上；鞋子再新，也应穿在脚上；即使君主失道，臣下也应正言匡纠，不可乘机篡杀。辕固生对此反驳道："必若所云，是高帝代秦即天子之位，非邪？"《史记》接着记载说：

　　　　于是景帝曰："食肉不食马肝，不为不知味；言学者无言汤、武受命，不为愚。"遂罢。是后学者莫敢明受命放杀者。

　　辕固生的主张更符合原始儒家思想，但他的反问把这次辩论的主持人汉景帝推到了左右为难的境地：如果支持辕固生，就等于承认只要汉朝廷一旦有了过失，百姓随时都有权力推翻汉政权；如果支持黄生，就等于否定自己的祖父汉高祖刘邦的代秦行为，这实际就等于否定了汉王朝存在的合法性。于是他只好要求学者回避这个问题，使这次争论不了了之。从"是后学者莫敢明受命放杀者"这一记载看，这次争论给学者心理上留下的阴影是巨大的。

　　汉景帝还只是回避这一问题，而朱元璋偏袒君主的态度则直接明了。《明史·钱唐列传》记载：

　　　　帝（朱元璋）尝览《孟子》，至"草芥""寇仇"语，谓非臣子所宜言，议罢其配亨，诏有谏者以大不敬论。……命儒臣修《孟子节文》。

　　朱元璋就因为孟子强调了忠君的前提条件，竟然把孟子牌位驱出孔庙，取消了孟子陪伴孔子享用祭品的资格。后来虽然在大臣的劝谏下，恢复了孟子的陪祭权利，但删除了《孟子》中有关的文字。

　　孔、孟主张忠君，这对于稳定社会秩序应该说是有一定积极意义的，然而删去前提的忠君思想就使君主与大臣之间的关系发生了失衡。从这些事例中,我们不难想象政权的力量是如何在改造着学派的思想,而这种改造,恰恰是对学派的原有合理思想的严重破坏。

二

《庄子·外物》说"人主莫不欲其臣之忠,而忠未必信,故伍员流于江,苌弘死于蜀,藏其血,三年而化为碧。人亲莫不欲其子之孝,而孝未必爱,故孝己忧而曾参悲。"庄子认为:做君主的无不希望他的臣子效忠于自己,然而竭尽忠心未必就能得到君主的信任,所以伍子胥被赐死后抛尸江中,苌弘死于蜀地,蜀人把他的血珍藏起来,三年后这些血变为碧玉。做父母的无不希望子女孝顺自己,而竭尽孝心未必就能得到父母的怜爱,所以孝顺的孝己忧愁而死,而曾参悲哀终身。忠臣不被君主信任的例子,史书中俯拾即是,我们仅举项羽与范增一例。

范增七十岁时,投奔项羽的叔叔项梁,后来又跟随项羽参加巨鹿之战,攻破关中,屡献奇谋,被项羽尊为"亚父"。鸿门宴时,范增劝告项羽杀掉刘邦,以除掉这位可以与项羽争夺天下的对手。由于范增足智多谋,对刘邦集团形成极大威胁,所以刘邦的谋士陈平就开始施展离间计并获得成功。《史记·项羽本纪》记载:

> 项王乃与范增急围荥阳,汉王患之,乃用陈平计间项王。项王使者来,为太牢具,举欲进之。见使者,详惊愕曰:"吾以为亚父使者,乃反项王使者。"更持去,以恶食食项王使者。使者归报项王,项王乃疑范增与汉有私,稍夺之权。范增大怒,曰:"天下事大定矣,君王自为之。愿赐骸骨归卒伍。"项王许之。行未至彭城,疽发背而死。

公元前204年,项羽与范增急攻刘邦所在的荥阳(在今河南郑州古荥镇),刘邦十分焦虑,于是就使用陈平谋划的离间计:项羽的使者来了,刘邦让手下准备了丰盛的美味佳肴进献使者,当见到使者后,故作惊讶地说:"我们以为是亚父范增的使者,没想到却是项王的使者。"于是把美味佳肴撤去,重新换上粗茶淡饭供项羽使者食用。使者回去把此事报告项羽,项羽就怀疑范增与刘邦私下联络,于是就慢慢削弱范增的权力。

164   忠经

范增大怒，说："天下事大局已定，君王您自己看着办吧。希望您允许我
回乡为民吧！"范增本想以此自重，换取项羽对自己的挽留，没想到项羽
竟然顺水推舟，答应了他。这让范增真是生气啊，所以当他还未走到彭
城（在今江苏徐州）时，就因气毒攻心、背上生疮而去世。关于范增对于
项羽的重要价值，刘邦有一个十分中肯的评价：

> 高祖曰："公知其一，未知其二。夫运筹策帷帐之中，决胜于千
> 里之外，吾不如子房；镇国家，抚百姓，给馈饷，不绝粮道，吾不如萧
> 何；连百万之军，战必胜，攻必取，吾不如韩信。此三者，皆人杰也，
> 吾能用之，此吾所以取天下也。项羽有一范增而不能用，此其所以
> 为我擒也。"（《史记·高祖本纪》）

据《史记》记载，萧何没有攻城略地之功，却位居诸将之上，诸将很
不服气，于是刘邦与诸将有一段对话："高帝曰：'诸君知猎乎？'曰：'知
之。''知猎狗乎？'曰：'知之。'高帝曰：'夫猎，追杀兽兔者狗也，而发踪
指示兽处者人也。今诸君徒能得走兽耳，功狗也。至如萧何，发踪指示，
功人也。'"（《史记·萧相国世家》）这段话翻译为：汉高祖刘邦问诸将：
"诸位懂得打猎吗？"诸将回答："懂得。"刘邦又问："你们知道猎狗的作
用吗？"诸将答道："知道。"刘邦说："打猎的时候，追赶扑杀野兽兔子的
是猎狗，能够发现野兽踪迹向猎狗指示野兽所在之处的是猎人。如今你
们诸位只是能够追赶扑杀野兽，不过是有功的猎狗而已。至于萧何，他
能够发现野兽踪迹，指示追赶方向，是有功的猎人。"

项羽手下猛将如云，而在刘邦看来，这些"猛将"不过是一群"功
狗"而已，还需要有"功人"去指挥这群"功狗"。而范增就是项羽唯一
的"功人"。汉代人认为"项以范增存亡"（《汉书·傅喜传》），范增的生
死决定了项羽的存亡，而这位决定项羽存亡的"功人"范增，却被项羽给
活生生地气死了。范增之所以被气死，原因就在于耿耿忠心的自己没有
得到项羽的信任，而不信任自己大臣的项羽也紧随其后，乌江自刎了。
因此本章说的"下行而上信，故能成其忠"，特别值得领导者深思。

百工章第四

【题解】

百工,百官。工,官员。"百工"一词在古籍中主要有三种含义,一是指各种工匠,二是指周代主管营造的官职名,三是指百官。根据上章的《冢臣章》与下章的《守宰章》,这里的百工专指在朝内供职的一般文武官员。本章与《孝经·卿大夫章第四》相对应。本章认为文武百官对君主的忠诚,并不在于小心谨慎地按照常规办事,而是体现在无论何时何地,都要为国出谋划策,推行国家政令,思考治国方略;只要是有利于国家的事情,就应该奋不顾身地前去承担,以保证君臣事业成功,使君主的美名彰显于整个天下。

有国之建①,百工惟才②,守位谨常③,非忠之道④。故君子之事上也,入则献其谋⑤,出则行其政,居则思其道⑥。动则有仪⑦,秉职不回⑧,言事无惮⑨,苟利社稷⑩,则不顾其身。上下用成⑪,故昭君德⑫。盖百工之忠也。《诗》云:"靖共尔位,好是正直⑬。"

【注释】

①有国之建:当一个国家建立之后。有,名词词头,无义。

②百工惟才:要任用有才华的人担任各级官员。百工,百官。指朝廷中的一般官员。关于本章中的"百工"与上一章中的"冢臣"的职责划分,见"解读一"。

③守位谨常:守护着自己的官位,小心谨慎地按照常规办事。常,常规。

④非忠之道:这并不是真正的忠君之道。

⑤入:指进入朝堂面见君主。

⑥居则思其道:平时在家也要思考治理国家的谋略。居,平时。道,谋略。"入则献其谋,出则行其政,居则思其道"三句应视为互文,也即把这三句话结合起来理解。也就是说,无论是入朝进见君主,退朝后回到各自官府,还是平时在家,都要为国家出谋划策,推行国家政令,思考治国方略。

⑦动则有仪:一举一动都符合法度。仪,准则,法度。

⑧秉职不回:坚持职业操守,不做奸邪之事。秉,秉持,坚持。回,奸邪。

⑨言事无惮(dàn):讨论政务时无所忌惮。也即直言敢谏。惮,忌惮,恐惧。

⑩苟利社稷:如果有利于国家。苟,如果。社稷,土神与谷神,后来常用来代指国家。

⑪上下用成:君臣上下因此都能够获得成功。关于"上下用成"的案例,可见"解读二"。

⑫故昭君德:因此能够彰显君主的美德。昭,显示,彰显。

⑬靖(jìng)共尔位,好(hào)是正直:恭谨地对待你们的职务,爱好这些正直的人们。靖,恭敬,认真。共,通"恭"。认真,恭谨。尔,你,你们的。是,代词。这些。正直,正直的人们。朱熹《诗集传》:"好是正直,爱此正直之人也。"把"正直"理解为正直的品德也可。这两句诗出自《诗经·小雅·小明》。

【译文】

一个国家建立后,需要任用有才干的人担任各级官员,如果这些官员只是守护着自己的官位,小心谨慎地按照常规办事,这并不是真正的忠君之道。因此,君子侍奉自己君主的忠诚原则是:无论是入朝进见君主,退朝后回到各自官府,还是平时在家,都要为国家出谋划策,推行国家政令,思考治国方略。百官的一举一动都要符合礼制、法度,要认真对待自己的职务而不做奸邪的事情,讨论政务时还要敢于直言进谏而无所忌惮,如果遇到有利于国家的事情,就要不顾个人安危而前去承担。君臣上下都会因此而成就自己的功业,君主的美德也会因此而彰显于天下。这些大概就是朝中文武百官的尽忠内容吧。《诗经•小雅•小明》说:"恭谨地对待你们的职务,爱好这些正直的人们。"

【解读】

一

本章中的"百工"与上一章中的"冢臣"都属于京城官员,他们的职责划分有什么不同呢?我们举一例予以说明。《汉书•丙吉传》记载:

> (丙)吉又尝出,逢清道群斗者,死伤横道,吉过之不问,掾史独怪之。吉前行,逢人逐牛,牛喘吐舌。吉止驻,使骑吏问:"逐牛行几里矣?"掾史独谓丞相前后失问,或以讥吉,吉曰:"民斗相杀伤,长安令、京兆尹职所当禁备逐捕,岁竟丞相课其殿最,奏行赏罚而已。宰相不亲小事,非所当于道路问也。方春少阳用事,未可大热,恐牛近行,用暑故喘,此时气失节,恐有所伤害也。三公典调和阴阳,职当忧,是以问之。"掾史乃服,以吉知大体。

丙吉是西汉宣帝时的宰相。有一次,丙吉外出,看到有人在路上斗殴,死伤者横躺在路上,丙吉从旁边路过,没有过问。又往前走了一段路,看见有人赶着牛,而牛吐着舌喘着气。丙吉急忙停下车,关心地询问这头牛已经走了几里路了。他的属下认为丙吉不过问杀人之事,而关心牛的吐舌喘息,是轻重颠倒。丙吉的回答是:"百姓相互斗殴,这是长安令、京兆尹所应该处理的事情,到了年末,丞相根据这些官员的政绩,对他们进行赏罚就可以了。宰相不应该亲自去处理一些具体小事,所以就不停在路边去过问百姓斗殴的事情。现在刚刚进入春天,天气不应该很热,我担心这头牛没有走太远,因为天热而喘息,如果是这样,就说明气候不正常,我担心不正常的气候会伤害万物啊。朝廷三公(朝廷中的三位最高官员,各朝代所指不同)的主要任务之一就是保证阴阳和谐,这是我的职责所在,因此我要过问。"作为宰相的丙吉属于"冢臣",而长安令、京兆尹则属于"百工";"冢臣"的责任是为朝廷立纲定向,把握大局,而"百工"的责任就是处理一些具体事务。

二

《冢臣章》提出"冢臣于君,可谓一体",本章又提出"上下用成",虽然在现实政治生活中,要完全做到这一点还是比较困难,但君臣团结,从而获得君臣"上下用成"、皆大欢喜的局面还是存在的。《旧唐书·魏徵列传》记载,魏徵曾对唐太宗讲过这样一段话:

> 良臣,稷、契、咎陶是也。……良臣使身获美名,君受显号,子孙传世,福禄无疆。

稷、契、咎陶这些良臣,遇到了尧、舜这样的圣君,君臣同心同德,不仅治理好了国家,也使君臣都获得了美名显号。实际上,历史上还有比这更为典型的事例。周公与姜太公忠心耿耿地辅佐周武王,在灭掉商纣王之后,又励精图治,不仅建立了长达八百年左右的周王朝,使周武王成为历史上少有的圣君之一,而且周公与姜太公也被分别封在鲁国与齐国,使他们的子孙享国数百年。这可以说是君臣一体、上下用成的典型案例。

守宰章第五

守宰,泛指主政各地区的地方官员,如郡守、县令等。宰,官吏的泛称。本章与《孝经·士章第五》相对应。本章认为,地方官员要明察秋毫,办事要公正公平,立身要清正廉洁,要使百姓安居乐业,然后再用仁义礼乐对他们加强教育。只要官员能够视百姓如子女,百姓自然会爱官员如父母。

在官惟明①,莅事惟平②,立身惟清③。清则无欲,平则不曲④,明能正俗,三者备矣⑤,然后可以理人。君子尽其忠能,以行其政令,而不理者,未之闻也⑥。夫人莫不欲安,君子顺而安之;莫不欲富,君子教以富之。笃之以仁义⑦,以固其心⑧;导之以礼乐,以和其气。宣君德,以弘其大化⑨;明国法,以至于无刑⑩。视君之人⑪,如观乎子⑫;则人爱之,如爱其亲⑬。盖守宰之忠也⑭。《诗》云:"岂弟君子,民之父母⑮。"

【注释】

①在官惟明:身为地方官员一定要做到明察秋毫。惟,句首或句中

语气词,表示加强判断。

②莅(lì)事惟平:处理事务时要做到公正公平。莅,管理,处理。

③立身惟清:为人处世要清正廉洁。

④平则不曲:做事公正就不会徇私枉法。曲,不公正,徇私枉法。

⑤三者:指"在官惟明,莅事惟平,立身惟清"这三种行为。

⑥未之闻也:即"未闻之也"。从未听说过这样的事情。

⑦笃之以仁义:用仁义美德加强对民众的教育。笃,表示程度之深。之,代指民众。

⑧以固其心:以此来进一步巩固民众本有的善良之心。孟子认为,人们的天性是善良的,这一观点后来成为儒家的主流观点,也即《三字经》讲的"人之初,性本善"。

⑨以弘其大化:以弘扬君主的美好教化。其,代指君主。

⑩无刑:不再使用刑罚。关于"无刑"的政治理想,见"解读"。

⑪视君之人:看待君主的百姓。视,看待。人,泛指百姓、民众。《诗经·小雅·北山》:"溥天之下,莫非王土;率土之滨,莫非王臣。"古人认为,所有的百姓,都是君主的百姓。

⑫如观乎子:就像看待自己的子女一样。观,看待。

⑬其亲:他们的父母。亲,父母。

⑭守宰:泛指主政各个地区的地方官员。宰,官吏的泛称。

⑮岂弟(kǎi tì)君子,民之父母:态度和蔼、平易近人的君子,可以做百姓的父母。岂弟,即"恺悌"。和蔼可亲、平易近人的样子。这两句诗出自《诗经·大雅·泂酌》。

【译文】

身为地方官员一定要做到明察秋毫,处理事务的时候一定要做到公正公平,为人处世一定要做到清正廉洁。做到了清正廉洁就会消除许多个人贪欲,做到了公正公平就不会去徇私枉法,做到了明察秋毫就能够纠正许多不良风气,这三条如果都做到了,然后就可以治理好民众。君子竭尽自己的忠诚与能力，努力推行国家的政令，如此还不能治理好民众，这是从未听说过的事情。人人都想过上安定的生活，那么君子就顺应他们的愿望使他们安定下来；人人都想过上富裕的日子，那么君子就教导他们使他们富裕起来。然后再用仁义美德加强对他们的教育，以此来巩固他们本有的善心；还要用礼乐对他们进行引导，以此使他们变得心平气和。地方官员要宣传君主的美德，以弘扬君主的美好教化；还要讲清楚国家的法律，以达到不再使用刑罚的目的。地方官员看待君主的百姓，就如同看待自己的子女一样；那么百姓就会热爱这些官员，就如同热爱自己的父母一般。这些大概就是地方官员尽忠的内容吧。《诗经·大雅·泂酌》说："态度和蔼、平易近人的君子，可以做百姓的父母。"

【解读】

"无刑"，古人又叫"刑措"，也即把刑罚放置于一边，不再使用。数千年以来，人类对这一美好社会的追求一直没有停止过，儒家的"大同社会"，道家的"至德之世"，佛家的"极乐世界"，这些极具诱惑却仿佛空中楼阁、遥不可及的乌托邦具有一个共同点，那就是没有刑杀。关于刑措不用的政治局面，孔子有明确的说明：

孔子曰："……昔之君子，道其百姓不使迷，是以威厉而不试，刑措而不用也。"（《韩诗外传》卷三）

子曰："善人为邦百年，亦可以胜残去杀矣。诚哉是言也！"（《论语·子路》）

在孔子看来，刑措不用的社会，在过去的人类史上曾经出现过；如果当今有善人治国百年，也可以重现这种社会局面。到了后来，理学家不仅接受了孔子的这一思想，而且还极大地缩短了实现这一理想的时间："胜残去杀，不为恶而已，善人之功如是。若夫圣人，则不待百年。"（朱熹《论语集注》卷七）在理学家看来，只要圣人在位，措施得当，还不需要一百年，消除刑罚的局面就可以出现。《论衡·儒增篇》总结儒家的观点说：

> 儒书称："尧、舜之德，至优至大，天下太平，一人不刑。"又言："文、武之隆，遗在成、康，刑错不用四十余年。"

这里说的"刑错"即"刑措"。在儒家看来，没有刑罚的时代，一是在尧、舜时期，一是在周代的成、康时期。既然不用刑罚的社会确实存在过，那么重新实现这样的社会就是完全可能的。从这里来看，消灭刑罚，不仅仅是一种政治理想，而且是一种完全可以实现的政治现实。不要刑杀的主张可以说是贯穿了整个儒家历史，一直到清代，康有为一再提到这一点。他在《大同书》中专列"人治之苦""刑措"等章节来讨论这一问题，他在"人治之苦"中首先列举了人世间的惨不忍睹的种种酷刑，然后总结说：

> 今欧美升平，刑去缳首，囚狱颇洁，略乏苦境。然比之大同之世，刑措不用，囚狱不设，何其邈如天渊哉！（《大同书》）

康有为把自己的书命名为"大同书"，本身就说明他的书中理想是受到孔子的影响，只不过他对孔子的大同理想进行了细化和改造而已。

实际上古人在是否存在刑措社会的看法上是相互矛盾的，一方面言之凿凿地认为刑措的社会是存在的，另一方面又怀疑是否真有"天下无贼"的社会，于是就出现了"象刑"这一骑墙之说。对于象刑，《容斋随笔》卷五"唐虞象刑"条有一个总结性的解释：

> 《虞书》："象刑惟明。"……《白虎通》云："画象者，其衣服象五刑也。犯墨者蒙巾，犯劓者赭著其衣，犯膑者以墨蒙其膑，犯宫者扉。扉，草屦也，大辟者布衣无领。"

所谓的象刑，就是施行象征性的惩罚，而不使用实刑。在最为美好的唐尧、虞舜时期，犯了墨刑（脸上刻字）的人，就只用头巾把他的脸蒙起来；犯了劓刑（割鼻子）的人，就只让他穿上红褐色的粗布衣；犯了膑刑（剜掉膝盖骨）的人，就只用黑色布缠住他的膝盖；犯了宫刑（阉割）的人，就只需让他穿上特制的草鞋；犯了大辟刑（杀头）的人，就只需让他穿上没有衣领的粗布衣。

历史上是否真有一个无刑的社会，我们已经无法确考。但建立一个人性皆善、祥和刑措的社会，不仅是古人的理想，也是今人的理想，我们至今依然满怀着希望，期盼着这种美好的理想能够早日成为现实。

兆人章第六

【题解】

兆人，指亿万百姓。兆，数词。古代以"百万"或"万亿"为兆，常用来表示数量极多。本章与《孝经·庶人章第六》相对应。本章认为，在国泰民安的环境里，亿万百姓的尽忠行为就是恪守国家法度，孝敬父母兄长，努力生产劳动，按时上缴赋税。

天地泰宁①，君之德也。君德昭明②，则阴阳风雨以和③，人赖之而生也。是故祗承君之法度④，行孝悌于其家⑤，服勤稼穑⑥，以供王赋⑦，此兆人之忠也⑧。《书》云："一人元良，万邦以贞⑨。"

【注释】

①泰宁：太平，安定。

②君德昭明：君主的美德能够彰明于天下。昭明，显示，彰明。

③则阴阳风雨以和：那么就会因此而阴阳和谐、风调雨顺。阴阳，指阴阳二气。古人认为，阴阳二气和谐了，就能够产生万物。"君德昭明，则阴阳风雨以和"涉及古代的天人感应思想，可参阅本书

《天地神明章第一》的"解读一"。

④祗（zhī）承君之法度：非常恭敬地遵守着君主的法律。祗，敬，恭敬。承，接受，遵守。

⑤悌（tì）：尊敬、顺从自己的兄长。

⑥服勤稼穑（sè）：努力从事农业生产。服，从事，做。勤，勤劳，努力。稼穑，种植庄稼叫"稼"，收割庄稼叫"穑"，这里泛指农业生产。

⑦以供王赋：给君主上缴赋税。赋，赋税。

⑧兆人：百姓。兆，数词。古代以"百万"或"万亿"为兆，常用来表示数量极多。

⑨一人元良，万邦以贞：如果天子的品德非常美好，那么整个天下百姓都会对他忠贞不贰。一人，指天子。商、周时期的天子自称"余一人"。元，大，非常。万邦，万国。代指整个天下。贞，忠贞。一说是指正确、美好。这两句出自《尚书·太甲下》。

【译文】

使天地太平安定，是君主应有的美德。君主的美德如果能够彰显于整个天下，那么就会阴阳和谐、风调雨顺，民众就能够依赖这样的君主而生存。因此民众也能够十分恭敬地遵守君主的法度，在家里也能够做到孝敬父母、尊重兄长，还能够辛勤地从事农业生产，上缴君主的赋税。这些就是亿万百姓尽忠的内容。《尚书·太甲下》说："如果天子的品德非常美好，那么整个天下百姓都会尽忠于他。"

【解读】

本章认为，在正常情况下，普通百姓的尽忠行为就是遵纪守法，孝敬父母，努力生产，按时纳税。事实上，在一些特殊情况下，普通农夫也能够为君主建立丰功伟绩，甚至能够拯救一个国家。

《吕氏春秋·爱士》记载，春秋时期的秦国君主秦穆公外出，他乘坐的马车坏了，右边拉车的马失控逃逸，被一群农夫逮住。秦穆公亲自前去寻找跑丢的马，看到这群农夫正在岐山的南面煮食这匹骏马。秦穆公叹口气说："吃骏马的肉而不赶快饮酒，我担心马肉会伤害你们的身体！"于是就赐酒给他们饮用，然后离去。一年之后（前645年），秦国与晋国在韩原（在今山西芮城一带，一说在今陕西韩城境内）大战。晋国军队包围了秦穆公乘坐的战车，晋国将领梁由靡已经拉住了秦穆公所乘战车左边的马，晋惠公的车右（坐在战车右边的武士）路石奋力用梲（一种用来撞击的武器）砸向秦穆公的战衣，击中了战衣上的六个甲片。如果秦穆公被擒或被杀，秦军就会一败涂地。就在这千钧一发的危急时刻，曾经在岐山南面偷吃过秦穆公马肉的三百多农夫，突然冲到秦穆公的车下，为保护秦穆公拼命厮杀。晋军被这支突如其来的生力军打得蒙头转向，一时不知所措，结果秦军转败为胜，反而把晋惠公给活捉了回来，彻底赢得了胜利。

　　孔子说："君者，舟也；庶人者，水也。水则载舟，水则覆舟。"（《荀子·哀公》）对于仁厚的君主，普通百姓皆为其载舟之水；反之，亿万民众就会聚为覆舟之狂澜。百姓是忠臣还是仇敌，其决定权全在君主自己手中。

政理章第七

【题解】

政理,行政治理。本章的内容与《孝经·三才章第七》相照应。《三才章》认为孝道是天、地、人的共同原则,要求圣王以孝道为基础,施行博爱,教民礼乐,示民禁令。本章进一步阐述了治国的上、中、下三策,也即化之以德、施之以政、惩之以刑。要求圣君以德为本,然后修政谨刑,以治理好自己的国家。

夫化之以德①,理之上也②,则人日迁善而不知③;施之以政④,理之中也⑤,则人不得不为善;惩之以刑⑥,理之下也,则人畏而不敢为非也⑦。刑则在省而中⑧,政则在简而能⑨,德则在博而久⑩。德者,为理之本也⑪;任政⑫,非德则薄⑬;任刑,非德则残。故君子务于德⑭,修于政,谨于刑⑮。固其忠⑯,以明其信,行之匪懈⑰,何不理之人乎⑱?《诗》云:"敷政优优,百禄是遒⑲。"

【注释】

①夫化之以德:君主要用自己的美德去感化民众。之,代指民众、

百姓。

②理之上也：这是治理国家的最佳办法。理，指治理国家。

③则人日迁善而不知：那么民众都会在不知不觉之中走向善良之路。迁，迁徙，走向。

④施之以政：用发号施令的办法去管理民众。

⑤理之中也：这是治理国家的中策。中，中策。

⑥惩之以刑：使用刑罚去惩罚民众以防止他们再去为非作歹。惩，因受打击而引起警戒或不再做坏事。

⑦畏：畏惧。指畏惧君主的惩罚。

⑧刑则在省而中：使用刑罚的原则在于尽量减少刑罚，而且还要把刑罚使用得恰如其分。省，减少。中，不偏不倚，恰如其分。关于使用刑罚恰如其分的效果，见"解读一"。

⑨政则在简而能：发号施令的原则在于要使政令尽量简单易行，而且还要保证民众能够做得到。这一要求十分合理而且重要，见"解读二"。

⑩德则在博而久：以美德感化民众的原则在于要施德广泛而且能够持之以恒。博，广泛，普遍。

⑪为理之本也：是治理国家的根本所在。为，是。

⑫任政：使用发号施令的办法治理国家。任，任用，使用。

⑬非德则薄：如果不注意普施恩德就会变得薄情寡恩。薄，薄情。

⑭务于德：努力施行恩德。务，致力，努力。

⑮谨于刑：谨慎小心地使用刑罚。

⑯固其忠：坚守自己的忠诚品质。固，坚持，坚守。

⑰行之匪懈：一直遵行这些原则而从不懈怠。之，代指上两句讲的"忠""信"。匪，非，不。

⑱不理：治理不好。

⑲敷（fū）政优优，百禄是遒（qiú）：施行政令是如此的宽容和善，因

此就能够获取各种各样的福祉。敷，展开，施行。优优，宽容和善的样子。百禄，指很多的福祉。是，放在前置宾语和动词之间，复指宾语。禄，福气。遒，聚集，招来。这两句诗出自《诗经·商颂·长发》。

【译文】

君主要用自己的美德去感化全国民众，这是治理国家的上策，那么全国民众就会在不知不觉之中走向善良之路；用发号施令的办法去管理全国民众，这是治理国家的中策，民众在政令的强制下不得不去做一些善事；使用刑罚去惩罚民众以防止他们再为非作歹，这是治理国家的最下策，民众只是因为害怕惩罚而不敢去为非作歹。使用刑罚的原则在于尽量减少刑罚，而且还要把刑罚使用得恰如其分；发号施令的原则在于要使政令尽量简单易行，而且还要保证民众能够做得到；以美德感化民众的原则在于要施德广泛而且要持之以恒。实施恩德，是治理国家的根本所在；在使用发号施令的办法治理国家的时候，如果不注意普施恩德就会变得薄情寡恩；在使用刑罚去治理国家的时候，如果不注意施行恩德就会变得残酷无情。因此那些君子们努力地去施行恩德，其次要制定好国家的政令，最后还要非常谨慎地去使用刑罚。坚守着自己的忠诚品德，以显示出自己的诚信，而且一直遵行这些原则从不懈怠，这样还会有治理不好的民众吗？《诗经·商颂·长发》说："施行政令是如此的宽容和善，因此就能够获取各种各样的福祉。"

【解读】

一

刑罚是解决人际纠纷的最后手段，但是如果能够做到本章说的不偏不倚、恰如其分地去使用刑罚，甚至能够做到本章说的带着爱民的同情心去恰当地使用刑罚，其结果不仅可以化解纠纷者之间的敌对情绪，甚至还会使二者化敌为友。《韩非子·外储说左下》记载：

孔子相卫，弟子子皋为狱吏，刖人足，所跀者守门。人有恶孔子于卫君者，曰："尼欲作乱。"卫君欲执孔子。孔子走，弟子皆逃。子皋从出门，跀危引之而逃之门下室中，吏追不得。夜半，子皋问跀危曰："吾不能亏主之法令而亲跀子之足，是子报仇之时也，而子何故乃肯逃我？我何以得此于子？"跀危曰："吾断足也，固吾罪当之，不可奈何。然方公之欲治臣也，公倾侧法令，先后臣以言，欲臣之免也甚，而臣知之。及狱决罪定，公愁然不悦，形于颜色，臣见又知之。非私臣而然也，夫天性仁心固然也。此臣之所以悦而德公也。"

孔子在卫国当相的时候，他的弟子子皋（又作子羔）做了掌管刑罚的官员，他砍掉了一个犯人的脚，后来这个犯人就当了守门的人。有人在卫君面前诬陷孔子，说："仲尼将要发动叛乱。"卫君就要逮捕孔子。孔子逃走了，弟子们也都跟着逃跑了。子皋跟在后面准备跑出大门，那个被他砍脚的守门人就领着他藏到大门边的房子里，追兵没有抓到子皋。到了半夜，子皋问被砍掉脚的人说："我不能破坏君主的法令而亲自判刑砍掉了你的脚，今天正是你报仇的好时机，而你为什么还肯帮助我逃跑呢？我因为什么能够从你这里得到如此深厚的报答呢？"被砍掉脚的人说："我被砍掉脚，这本来是我罪有应得，这是无可奈何的事情。然而当您来到监狱审理我的案件时，您多次推敲法令的规定，反复研究我的供词，非常希望我能够免除惩罚，您的这番心意我是看出来了。等到案子判了下来已经定了罪，您皱着眉头很不高兴，悲伤的心情清楚地表现在您的脸上，我看见了，也知道了您的心意。您并不是偏袒我才会这样，而是您天性中的仁爱之心使您有这样的表现。这就是我之所以尊敬您、报答您的原因啊。"

子皋带着同情之心去恰当地判决案件，使这位受到惩罚的人不仅没有抱怨子皋，反而尊敬爱戴子皋，并且不顾个人安危去帮助子皋逃脱追捕。这一案件值得我们的司法人员深思。

二

本章认为，君主在发号施令的时候，一定要使政令尽量简单易行，而且还要保证民众能够做得到。关于这一原则的合理性与重要性,《庄子·则阳》有一个故事可以对此做出形象的说明。老子的弟子柏矩到了齐国,看到一具被杀后示众的罪犯尸体,他便脱下衣服覆盖在尸体上,仰天号啕大哭说:"先生啊! 天下出现如此大的灾祸,偏偏让您先遇到了。"接着柏矩就总结了民众为什么会犯罪的原因:

> 匿为物而愚不识,大为难而罪不敢,重为任而罚不胜,远其涂而诛不至。民知力竭,则以伪继之,日出多伪,士民安取不伪! 夫力不足则伪,知不足则欺,财不足则盗,盗窃之行,于谁责而可乎?

柏矩认为,民众之所以敢于违法乱纪,原因就在于统治者隐瞒事情的真相而去愚弄不明就里的民众,加大办事的难度却去怪罪人们不敢去承担这些事务,加重任务的分量却去惩罚无法胜任的人,把路途安排得十分遥远却去谴责不能到达目的地的人。百姓的智慧和力量已经用尽了,只好用作假的办法去应付,每天都出现那么多虚假的事情,百姓又怎么能够做到诚实不欺呢? 百姓的力量不够就只好作假,智慧不足就只好欺诈,衣食不足就只好盗窃。出现盗窃的行为,对谁加以责备才合理呢? 柏矩的态度十分明确,民众犯法的责任应该由统治者承担。

基于这一原因,本章要求政令一定要简单易行,而且还要保证民众能够做得到。无论是一个政府,一个单位,还是一个人,所制定的目标不是越大越好、越高越棒,而是要根据实际情况去制定出切实可行的目标。这个目标至少也要让人们"跳一跳,够得着"。如果所制定的目标根本无法达到,那么人们只好作假,或者逃离,甚至会像陈胜、吴广那样,干脆揭竿而起去反抗。当然,在政治方面,政府对百姓的要求最好要宽松一些,就像本章所引《诗经》讲的那样:"敷政优优。"只有"优优",才能够"百禄是遒"。

武备章第八

【题解】

武备，军备，武装力量。本章与《孝经·孝治章第八》相对应。《孝治章》主要讲如何以孝道为基础去治理天下，属于文治；而本章则主要阐述做主帅的如何以忠诚为基础去治理军队，属于武功。本章认为，主帅必须用仁、义、礼、信、赏、刑六条原则去统帅军队，做到攻则克，守必固，忠实地做好国家的守卫者。

王者立武①，以威四方，安万人也②。淳德布洽③，戎夷秉命④。统军之帅，仁以怀之⑤，义以厉之⑥，礼以训之，信以行之⑦，赏以劝之⑧，刑以严之⑨，行此六者⑩，谓之有利。故得师尽其心⑪，竭其力，致其命⑫，是以攻之则克，守之则固，武备之道也⑬。《诗》云："赳赳武夫，公侯干城⑭。"

【注释】

①立武：建立军队。武，这里指武装部队。

②安万人：使成千上万的百姓能够过上安宁的生活。安，使……安宁。万人，万民，民众。

③淳德布洽（qià）：淳厚的恩德普遍地施加到整个天下。淳，淳厚。布，铺开，分布。洽，广博，普遍。

④戎夷秉命：所有的少数民族国家也服从这些圣君的命令。戎夷，泛指少数民族国家。古人称西方少数民族为戎，东方少数民族为夷，南方少数民族为蛮，北方少数民族为狄。秉，顺从，服从。

⑤仁以怀之：用仁德来感动军队。怀，受到感动而军心归向。之，代指将士。关于"仁以怀之"的例子，见"解读一"。

⑥义以厉之：用正义原则去激励将士。厉，勉励，激励。

⑦信以行之：用诚实信用使军令能够施行于军队。

⑧赏以劝之：用奖赏去鼓励将士。劝，鼓励。

⑨刑以严之：用刑罚去严格约束将士。关于"刑以严之"的例子，见"解读二"。

⑩六者：指上文提到的仁、义、礼、信、赏、刑。

⑪故得师尽其心：因此能够使军队竭尽其忠诚。

⑫致其命：献出他们的生命。致，献出。

⑬武备：军备，武装力量。道：方法，原则。

⑭赳赳武夫，公侯干城：那些雄壮勇武的将士们，是国家的捍卫者。赳赳，雄壮勇武的样子。武夫，将士。公侯，代指国家。先秦诸侯国的君主多称"公"或"侯"。干，盾牌。城，城池。这里用"干城"比喻捍卫者。这两句诗出自《诗经·周南·兔罝》。

【译文】

帝王建立强大的军队，以此来威震天下，安抚亿万百姓。帝王还要把自己的淳厚恩德普遍地施加到四面八方，使所有的少数民族国家也服从自己的命令。统领军队的主帅，要用自己的仁德去感动将士，要用正义的原则去激励将士，要用礼仪制度去训导将士，要用诚实信用使将士执行军令，要用奖赏去鼓励将士，要用刑罚去严格约束将士，如果能够做到仁、义、礼、信、赏、刑这六条原则，可以说是非常有利于行军作战的。

因此能够使将士们竭尽他们的忠心,用尽他们的力量,献出他们的生命,进攻敌人时就能够克敌制胜,守卫城池时也能够坚不可摧,这就是组建、指挥军队的原则。《诗经·周南·兔置》说:"那些雄壮勇武的将士们,是国家的捍卫者。"

【解读】

一

主帅要用仁德去感动将士,只有如此,将士才能够与主帅同心同德,《黄石公三略》(一作《黄石公记》)记载了这样一件事情:

> 昔者良将之用兵,有馈箪醪者,使投诸河,与士卒同流而饮。夫一箪之醪,不能味一河之水,而三军之士思为致死者,以滋味之及己也。

古代有一位良将在率兵打仗时,行军到了黄河岸边。这时有人送给他一坛子美酒,这位良将就把这坛子美酒倒入黄河之中,与将士们一起饮用掺有美酒的黄河水。一坛子美酒不可能使黄河水都带有酒味,然而良将的这一仁义行为却感动了全军将士,使全军将士能够与这位良将同心同德,患难与共,心甘情愿为他付出生命。先秦名将吴起也是用自己的恩德感动了全军将士。《史记·孙子吴起列传》记载:

> (吴)起之为将,与士卒最下者同衣食。卧不设席,行不骑乘,亲裹赢粮,与士卒分劳苦。卒有病疽者,起为吮之。卒母闻而哭之。人曰:"子卒也,而将军自吮其疽,何哭为?"母曰:"非然也。往年吴公吮其父,其父战不旋踵,遂死于敌。吴公今又吮其子,妾不知其死所矣。是以哭之。"

吴起作为主帅,每次出兵打仗时,他的生活待遇与最下等的士兵一样,睡觉不用垫席,行军不乘车马,亲自背负军粮。有一次,一位年轻士兵身上长了疮,吴起就亲自为这位士兵用口吸出疮里的脓血。士兵的母亲听到这事,伤心得哭了起来,别人不理解她哭泣的原因,母亲回答说:"从前我的丈夫也在吴将军手下当过兵,吴将军也曾为他吸过疮,结果我的丈夫为了报答将军的恩德，打仗时宁死不退，最后战死沙场。现在他又来为我儿子吸脓血，我不知道儿子这次还能否活着回来。"吴起施恩德于普通士兵，感动得这位士兵心甘情愿地为他付出生命。我们应该知道，吴起的行为感动的不只是一位士兵，这件事情传开之后，感动的是整个军队。这样的军队，自然会无敌于天下。

如果主帅只顾自己，不施恩惠与将士，或者施恩惠时顾此失彼，那结果又如何呢？《左传·宣公二年》记载：

> （宋国与郑国）将战，华元杀羊食士，其御羊斟不与。及战，曰："畴昔之羊，子为政；今日之事，我为政。"与入郑师，故败。

鲁宣公二年（前607），郑国出兵攻打宋国。宋国任命华元为主帅，统率宋军前去迎战。交战前夕，华元杀羊犒劳将士，却忘了给他的驾车人羊斟分羊肉，羊斟便怀恨在心。交战时，羊斟对华元说："分发羊肉的事，你说了算；今天驾驭战车的事，可就得由我说了算。"说完，他竟然驾着战车直接把自己的主帅华元送到了郑军的军队里，堂堂宋军主帅华元就因为一块羊肉，如此窝窝囊囊地成了郑军俘虏，宋军因此惨遭失败。羊斟的行为为人所不齿，所以人们评论说："羊斟非人也，以其私憾，败国殄民，于是刑孰大焉？《诗》所谓'人之无良'者，其羊斟之谓乎，残民以逞。"（《左传·宣公二年》）羊斟为了个人的一点儿小小恩怨，竟然置国家与百姓于不顾，没有保住做人的底线；但华元作为主帅，施恩不周，也应对失败承担一定的责任。

二

恩威并用，是自古至今的治国法宝，同样也是治军法宝。主帅如果只有慈母般的温柔，而无严父般的威厉，照样无法管理好军队，因为"严家无悍虏，而慈母有败子"（《韩非子·显学》）。所以本章在主张"仁以怀之"的同时，还提出要"刑以严之"。"刑以严之"的典型案例，一是司马穰苴杀庄贾，二是孙武杀君主爱妾。

《史记·司马穰苴列传》记载，齐景公在位时，晋国军队入侵齐国，在晏婴的举荐下，地位卑贱的司马穰苴被任命为主帅率兵抵抗。司马穰苴对齐景公说："臣素卑贱，君擢之间伍之中，加之大夫之上，士卒未附，百姓不信，人微权轻。愿得君之宠臣，国之所尊，以监军，乃可。"于是齐景公就委派自己的宠臣、举国尊敬的大贵族庄贾去担任监军。《史记》接着记载：

> 穰苴既辞，与庄贾约曰："旦日日中会于军门。"穰苴先驰至军，立表下漏待贾。贾素骄贵，以为将己之军而己为监，不甚急。亲戚左右送之，留饮。日中而贾不至。……夕时，庄贾乃至。穰苴曰："何后期为？"贾谢曰："不佞大夫亲戚送之，故留。"穰苴曰："将受命之日则忘其家，临军约束则忘其亲，援枹鼓之急则忘其身。今敌国深侵，邦内骚动，士卒暴露于境，君寝不安席，食不甘味，百姓之命皆悬于君，何谓相送乎！"召军正问曰："军法期而后至者云何？"对曰："当斩。"庄贾惧，使人驰报景公，请救。既往，未及反，于是遂斩庄贾以徇三军。三军之士皆振栗。久之，景公遣使者持节赦贾，驰入军中。穰苴曰："将在军，君令有所不受。"问军正曰："驰三军法何？"正曰："当斩。"使者大惧。穰苴曰："君之使不可杀之。"乃斩其仆，车之左驸，马之左骖，以徇三军。

作为监军的庄贾没有按照约定及时前来报到，为了严肃军纪，司马穰苴不仅处死了地位尊贵的庄贾，而且还处死了因急于救人而在军营里驾车奔驰的车夫及拉车的马匹，起到了"三军之士皆振栗"的强烈威慑作用。

《孙子兵法》的作者孙武在这一方面的要求也极为严格。《史记·孙子吴起列传》记载，孙武凭着自己的军事才能，前去晋见吴王阖庐（又作阖闾）。阖庐对孙武说："您的十三篇兵法（《孙子兵法》共计十三篇），我已经全部看完了。您是不是可以具体展示一下您是如何指挥军队的？"孙武回答说："当然可以。"阖庐又问："是否可以用妇女进行演练？"孙武说："可以。"于是经过吴王阖庐的同意，从宫中选出一百八十名美女，孙武把这些美女分为两队,任命阖庐的两位宠姬分别担任这两队的队长,并让这些美女都手持着长戟站好。然后孙武问她们说:"你们知道你们的心脏部位、左右手和脊背吗?"美女们回答说:"知道。"孙武说:"当我命令你们向前时,你们就要正视自己心脏对应的方向;当我命令你们向左时,你们就要看着自己左手对应的方向;当我命令你们向右时,你们就要看着自己右手对应的方向;当我命令你们向后时,你们就要回头看自己背部对应的方向。"美女们齐声回答:"好的。"

布置完毕,孙武又安排了执行军法所用的铁钺(斩杀罪犯用的大斧),然后再次三令五申,说明各种注意事项。接着就敲起战鼓,命令大家向右,结果这些美女们听到命令后,个个笑成了一团。孙武说:"命令不够明确,解释不够清楚,这是我作为将帅的责任。"孙武便又一次对训练的要点讲述了一遍。接着又敲起战鼓,命令大家向左,美女们再一次笑作了一团。《史记》接着记载:

> 孙子曰:"约束不明,申令不熟,将之罪也。既已明而不如法者,吏士之罪也。"乃欲斩左右队长。吴王从台上观,见且斩爱姬,大骇。趣使使下令曰:"寡人已知将军能用兵矣!寡人非此二姬,食不甘味,愿勿斩也。"孙子曰:"臣既已受命为将,将在军,君命有所不受。"遂斩队长二人以徇。用其次为队长,于是复鼓之。妇人左右前后跪起皆中规矩绳墨,无敢出声。于是孙子使使报王曰:"兵既整齐,王可试下观之,唯王所欲用之,虽赴水火犹可也。"吴王曰:"将军罢休就舍,寡人不愿下观。"

为了整顿军纪,孙武竟然当着吴王的面,杀了让吴王"非此二姬,食不甘味"的宠姬,搞得这位吴王满脸忧伤地说:"将军回去休息吧,寡人实在不想下去看演练了。"仅仅是在演练场上就能够如此严厉地执行军法,如果是在真实的战场上,孙武对军纪执行的严格程度就可想而知了。

观风章第九

【题解】

观风,观察民风民俗。本章与《孝经·圣治章第九》相对应。《圣治章》阐述圣人应顺应人心,以孝道治理好整个天下。本章是对该章的补充,主要是针对到各地巡视民情的使臣而言,要求这些使臣在巡查时,要做到耳聪目明,消除私欲,唯贤是举,以此来敦促天下所有的人都能够尽职尽责,从而使天下安定祥和。

惟臣以天子之命①,出于四方以观风②,听不可以不聪③,视不可以不明④。聪则审于事⑤,明则辨于理⑥;理辨则忠,事审则分⑦。君子去其私,正其色⑧,不害理以伤物⑨,不惮势以举任⑩;惟善是与⑪,惟恶是除⑫;以之而陟则有成⑬,以之而黜则无怨⑭。夫如是,则天下敬职,万邦以宁。《诗》云:"载驰载驱,周爰咨诹⑮。"

【注释】

①惟臣以天子之命:使臣带着天子的使命。惟,句首或句中语气词。臣,这里具体指君主派往各地寻访民情的使臣。

②观风：观察民风民俗。关于古代"观风"制度，可见"解读"。

③聪：听得清楚叫"聪"。

④明：看得清楚叫"明"。

⑤审于事：弄明白事情的真伪。审，审查，弄明白。

⑥明则辨于理：看得清楚才能够把道理分辨明白。"聪则审于事，明则辨于理"这两句应该视为互文，也即把这两句话结合起来理解。也就是说，只有看得清楚，听得明白，才能够知道事情的真伪，道理的是非。

⑦理辨则忠，事审则分：道理弄清楚了才能做到忠于职守，事情弄明白了才能分辨是非。这两句也应该视为互文，也即弄明白了道理与事实，才能够做到忠于职守，分清是非。

⑧正其色：端正自己的态度。色，本指面部表情，这里引申为做事的态度。

⑨不害理以伤物：不去违背正理而伤害万物。害，伤害，违背。物，万物。这里主要指人。

⑩不惮（dàn）势以举任：不因为惧怕权贵而去举用权贵的私人。惮，害怕，畏惧。势，指有权势的人。

⑪惟善是与：即"惟与善"。只任用那些善良的人。惟，仅仅，只。是，放在前置宾语和动词之间，复指宾语。与，帮助。这里引申为任用、举荐。

⑫惟恶是除：即"惟除恶"。清除那些坏人。

⑬以之而陟（zhì）则有成：依据这一原则去提拔人才就能够成就一番事业。以，依据。之，代指"惟善是与，惟恶是除"这一原则。陟，升高，提拔。

⑭黜（chù）：罢黜，免职。

⑮载驰载驱，周爰（yuán）谘诹（zōu）：鞭策着马儿驰骋在大路上，在民间遍访各地的情况与治国的良方。载，语助词。周，普遍，无

遗漏地。爰，于，在。诹诹，咨询情况，征求意见。这两句诗出自
《诗经·小雅·皇皇者华》。

【译文】

使臣带着天子的使命，到全国各地去观察民风民俗，聆听意见的时
候不能听得糊糊涂涂，观察事物的时候不能看得不明不白。只有看得清
楚，听得明白，才能够知道事情的真伪，道理的是非；弄明白了道理与事
实，才能够做到忠于职守，分清是非。君子消除自己的私心杂念，端正自
己的做事态度，不去违背正理以伤害别人，也不会因为畏惧权贵而去任
用权贵的私人；君子只重用那些善良的人，除掉那些凶恶的人；依据这一
原则去提拔贤人就能够成就一番事业，依据这一原则去罢黜坏人也不会
遭到人们的怨恨。如果能够如此做事，那么天下的民众都会尽职尽责，
天下就能够安宁祥和。《诗经·小雅·皇皇者华》说："鞭策着马儿驰骋
在大路上，到民间遍访各地的情况与治国的良方。"

【解读】

据《黄帝四经》记载，远在黄帝在位的时候，他就委派大臣力黑到全
国各地去微服私访，巡视民风民情，并为百姓制定恰当的行为准则。到
了周代，便形成了访民采风制度。《礼记·王制》记载：

天子五年一巡守。……问百年者就见之。命大师陈诗，以观民
风；命市纳贾，以观民之所好恶。

天子每五年就要到全国各地巡视一次，对于百岁老人，天子就亲自
登门拜访，以请教政治之得失。天子还命令乐师献上民间歌谣，以考察
民风民俗；还让市场官员汇报各种商品价格，以此来了解百姓对商品的
好恶取舍。关于采诗制度，《汉书·食货志上》记载得更为详细：

孟春之月，群居者将散，行人振木铎徇于路，以采诗，献之大师，
比其音律，以闻于天子。故曰："王者不窥牖户而知天下。"

每年的正月（孟春），群居过冬的民众将要散去各地务农经商，于是
朝廷的使者就摇着铃铛在大路上寻访民众，采集民间歌谣，然后把这些

歌谣献给朝廷的乐官,乐官把这些歌谣进行编曲整理,献给天子,天子就是通过这些歌谣来了解民情。所以《道德经》说:"帝王不用向窗外看一眼,就能够知道天下的情况。"

正是有了这些采诗制度,我们今天才能够看到《诗经》中的十五国风与汉代的乐府诗等丰富多彩的民间歌谣。

当然,本章讲的巡视,其内容要比"采诗"丰富得多,这些使臣除了要体察民风民情之外,还负有考察地方官员的职责。

保孝行章第十

【题解】

保孝行,保护好自己的孝行。本章与《孝经·纪孝行章第十》相对应。《纪孝行》主要阐述孝行的具体内容,而本章则论述如何保证自己能够完成这些孝行。作者认为,只有忠于君主,才能够获取俸禄福祉,有了俸禄福祉,才能够供养父母以尽孝道;如果不能忠于君主,不仅危及自身安全,而且还会连累父母。

夫惟孝者①,必贵于忠。忠苟不行②,所率犹非其道③。是以忠不及之④,而失其守⑤,匪惟危身⑥,辱及亲也⑦。故君子行其孝,必先以忠;竭其忠,则福禄至矣⑧;故得尽爱敬之心,以养其亲,施及于人⑨。此之谓保孝行也⑩。《诗》云:"孝子不匮,永锡尔类⑪。"

【注释】

①夫惟孝者:那些孝子。夫惟,发语词。

②忠苟不行:忠于君主这件事情如果没有做到。苟,如果。不行,没有做到。

③所率犹非其道：他所遵循的孝道依然难以符合正道。所率，所遵循的孝道。率，遵循。犹，依然，仍然。

④是以忠不及之：因此忠于君主这件事情如果做不到。不及之，达不到标准，做不到。

⑤而失其守：就会失去他所坚守的孝道。意思是，如果一个人不忠于君主，将会受到惩罚，那么他即使想尽孝也无法做到。

⑥匪惟危身：不仅会危及自身的安全。匪惟，不仅。匪，不。惟，仅仅。

⑦辱及亲也：还会为自己的父母带来羞辱。亲，父母。

⑧则福禄至矣：那么各种福祉与俸禄就会来到。关于为供养父母而出仕的原则，见"解读"。

⑨施及于人：顺便还能够施恩惠与他人。

⑩保孝行：保护好自己的孝行。这几句的意思是说，只有尽忠于君主，才能够获取俸禄福祉，有了俸禄福祉，才能够供养父母以尽孝道。

⑪孝子不匮（kuì），永锡尔类：孝子的孝心永远不会穷尽，上天会永远赐给你们很多的福祉。匮，匮乏，穷尽。锡，赐给，恩赐。尔，你，你们。类，善，美好。这里指福祉。朱熹《诗集传》："类，善也。……孝子之孝，诚而不竭，则宜永锡汝以善矣。"一说这两句应译为："孝顺的子孙不会缺乏，上天会赐福给你们这一类孝顺之人。"这两句诗出自《诗经·大雅·既醉》。

【译文】

那些孝子，一定会重视对君主的忠诚。如果做不到对君主的忠诚，那么他所遵循的孝道依然难以符合正道。因为如果做不到忠于君主，他就会因此而失去他所想坚守的孝道，这样不仅会危及自身的安全，还会给父母带来羞耻。所以君子要想对父母行孝，必须首先做到对君主忠诚；尽心尽力地忠于君主，那么各种福祉与俸禄就会到来；这样才能为父母献上爱敬之心，用俸禄供养自己的父母，而且还能够顺便施恩惠于他人。这可以说是保护好自己孝行的方法。《诗经·大雅·既醉》说："孝子的孝心永远不会穷尽,上天会永远赐给你们很多的福祉。"

【解读】

《孝经》主张"移孝作忠",而本章则提出"以忠保孝",由此可见,"忠"与"孝"是相辅相成、循环维护的关系。既然可以以忠保孝,那么儒家就不会反对为奉养父母而出仕。《孟子·离娄上》记载:

> 孟子曰:"不孝有三,无后为大。"

朱熹《四书章句集注》解释说:"赵氏曰:'于礼有不孝者三事:谓阿意曲从,陷亲不义,一也;家贫亲老,不为禄仕,二也;不娶无子,绝先祖祀,三也。三者之中,无后为大。'"家里贫穷,父母年老,自己却不愿出仕赚点儿俸禄供养父母,是三不孝之一。孟子甚至替那些因为家庭贫困、供养父母的出仕者做好了具体规划:

> 仕非为贫也,而有时乎为贫;娶妻非为养也,而有时乎为养。为贫者,辞尊居卑,辞富居贫。辞尊居卑,辞富居贫,恶乎宜乎?抱关击柝。孔子尝为委吏矣,曰:"会计当而已矣。"尝为乘田矣,曰:"牛羊茁壮,长而已矣。"位卑而言高,罪也;立乎人之本朝而道不行,耻也。(《孟子·万章下》)

孟子说:"出仕的主要目的本来不应该是解决贫穷问题,但有时也可以因为贫穷而出仕;娶妻的主要目的本来不是为了让她奉养父母,但有时也可以为了奉养父母而娶妻。如果是因为贫穷而出仕,就不应该做大官而做小吏,谢绝厚禄而取薄俸。不做大官而做小吏,谢绝厚禄而取薄俸,那么干些什么事情合适呢?做个守门、打更的人吧。孔子曾经做过管理仓库的小吏,说:'只要账目清楚就可以了。'还做过管理畜牧的小吏,说:'牛羊能够茁壮成长就可以了。'地位低下而言论高远,是罪过;当了朝廷的高官而不能推行大道,是耻辱。"

在正常情况下,以忠保孝这条路子是可行的,但在一些特殊情况下,因忠而失孝的事例也非常常见。《韩诗外传》卷十记载:

> 楚有士曰申鸣,治园以养父母,孝闻于楚。王召之,申鸣辞不

往。其父曰:"王欲用汝,何谓辞之?"申鸣曰:"何舍为孝子,乃为王忠臣乎?"其父曰:"使汝有禄于国,有位于廷,汝乐而我不忧矣。我欲汝之仕也。"申鸣曰:"诺。"遂之朝受命,楚王以为左司马。其年遇白公之乱,杀令尹子西、司马子期,申鸣因以兵围之。白公谓石乞曰:"申鸣,天下勇士也,今将兵,为之奈何?"石乞曰:"吾闻申鸣孝子也,劫其父以兵。"使人谓申鸣曰:"子与我,则与子分楚国;不与我,则杀乃父。"申鸣流涕而应之曰:"始则父之子,今则君之臣,已不得为孝子矣,安得不为忠臣乎!"援枹鼓之,遂杀白公,其父亦死焉。王归,赏之。申鸣曰:"受君之禄,避君之难,非忠臣也;正君之法,以杀其父,又非孝子也。行不两全,名不两立。悲夫!若此而生,亦何以示天下之士哉!"遂自刎而死。

春秋时期,楚国有一位士人,名叫申鸣,他在家以种菜奉养自己的父母,全楚国的人都知道他是一位大孝子。楚王想请他出来做官,申鸣婉言谢绝了。他的父亲说:"楚王想请你出来做官,你为什么不接受呢?"申鸣回答说:"我为什么不做父母的孝子,而去做楚王的忠臣呢?"他的父亲说:"如果你能够拿到国家的俸禄,在朝廷里有了地位,你很愉快,而我也没有什么值得忧愁的事情,所以我还是希望你去做官。"申鸣为了孝顺父亲,就同意了。于是申鸣就入朝晋见楚王,楚王任命他做了掌管军队的左司马。

到了楚国大贵族白公作乱的那一年,白公杀了楚国的令尹子西与司马子期,申鸣便率兵包围了白公。白公对自己的属下石乞说:"申鸣这个人,是天下著名的勇士,如今他率兵包围了我们,我们该怎样办才好?"石乞说:"我听说申鸣是个大孝子,我们就把他的父亲劫持来,以胁迫申鸣退兵。"白公把申鸣的父亲劫持之后,派人对申鸣说:"如果你愿意帮助我,我就把楚国分一部分给你;你如果不愿意帮助我,我就杀掉你的父亲。"申鸣流着眼泪回答说:"从前我是父亲的孝子,而现在我是君主的忠臣;我已经无法当个孝子了,怎么能够连忠臣也不当了呢!"于是申鸣亲自敲响进攻的战鼓,杀掉了白公,他的父亲也在这场战乱中遇害了。

逃亡在外的楚王回来后,要重重赏赐申鸣,申鸣说:"接受了君主的俸禄,却不愿意为困窘中的君主献身,这不是忠臣;为了执行君主的法令,而害了自己的父亲,这不是孝子。我无法同时保全忠孝这两种行为,因而也就无法同时获取忠孝这两种美名。这是一场悲剧啊! 如果像这样继续活着,我还有什么面目去面对天下人呢!"于是申鸣就自杀了。

申鸣说得很对,这就是一场悲剧! 本章要求人们以忠保孝,只是讲对了忠孝关系的一个方面,而忽略了忠孝关系的另一方面——忠孝不能两全。

广为国章第十一

【题解】

广为国,推行治国的原则。广,推广,推行。为国,治理国家。为,治理。本章是对《孝经·五刑章第十一》的进一步说明。《五刑章》强调要用法律去惩罚那些目无君主、圣人与父母的人,本章在重申"堤防政刑"的同时,更强调任用德才兼备的贤人去治理国家,以保证下忠上信、国泰民安局面的形成。

明主之为国也①,任于正②,去于邪。邪则不忠,忠则必正,有正然后用其能③。是故师保道德④,股肱贤良⑤;内睦以文⑥,外威以武⑦;被服礼乐⑧,堤防政刑⑨。故得大化兴行⑩,蛮夷率服⑪,人臣和悦,邦国平康。此君能任臣,下忠上信之所致也。《诗》云:"济济多士,文王以宁⑫。"

【注释】

①为国:治理国家。为,治理。

②任于正:任用正直的人。

③有正然后用其能:首先要有正直的品德,然后才考虑使用他的才

能。古人关于德与才孰重孰轻的争论，见"解读"。

④师保道德：做师保的人一定要具有美好的道德。师保，古时辅佐帝王和教导王室子弟的官员，有师有保，统称"师保"。《大戴礼记·保傅》："保，保其身体；傅，傅其德义。"

⑤股肱（gōng）：大腿叫股，胳膊由肘至肩的部分叫肱，古人往往用"股肱"比喻朝廷重臣。

⑥内睦以文：国内主要用文治保持民众和睦相处。

⑦外威以武：对外要保持强大的武力以威震四方。"内睦以文，外威以武"这两句也可以视为互文，意思是，无论对内还是对外，都要做好文治武功，以保证国内外都能够安定祥和。

⑧被服礼乐：用礼乐去感化民众。被服，感化。

⑨堤防政刑：用政令和刑法防止人们为非歹。堤防，本指拦水的堤坝，这里用作动词，是提防、防止的意思。

⑩大化兴行：伟大的教化就能够得到广泛推行。兴，起，出现。

⑪蛮夷率服：少数民族国家相率归附。蛮夷，泛指少数民族国家。古人称西方少数民族为戎，东方少数民族为夷，南方少数民族为蛮，北方少数民族为狄。率服，相率而服从。

⑫济济多士，文王以宁：众多的人才济济一堂，周文王因此可以过上安宁的生活。济济，众多的样子。士，这里专指有才华的贤人。文王，指周文王。以，以此，因此。这两句诗出自《诗经·大雅·文王》，这首诗歌的主旨是歌颂周文王的丰功伟绩。

【译文】

圣明的君主在治理国家的时候，一定会重用正直的贤人，而清除邪恶的坏人。邪恶的坏人不会忠于君主，而忠于君主的人必定是正直的贤人，首先要具备正直的美德，然后再考虑使用他的才能。因此朝廷中的师保一定要道德美好，大臣一定要品质优秀；无论对内还是对外，都要做好文治武功，以保证国内外都能够安定祥和；要用礼乐教化民众，要用政令和法律去防止人们为非作歹。这样就能够使伟大的教化得到广泛推行，少数民族国家相率归附，臣民心情愉悦，国家安定祥和。这就是君主善于使用大臣、臣下忠于君主而君主信任臣下所形成的美好局面啊。《诗经·大雅·文王》说："众多的人才济济一堂，文王因此可以过上安宁的生活。"

【解读】

本章提出选拔官员的标准是"有正然后用其能"，首先要有正直的品德，然后才考虑使用他的才能。这就涉及"德"与"才"孰重孰轻的问题。关于这一问题，古人的看法并不完全一致。

古代的多数思想家基本上都以仁义为最高的修养境界，在德与才的关系上，明确以德为主，以才为辅。我们也认同这一看法。对于每个人的要求，自然应是德才兼备，如果熊掌与鱼不能兼得的话，我们宁可要一个有德无才之士，也不愿要一个有才无德之人。有德无才，即使对社会没有多大贡献，至少不会祸害社会；而一个有才无德的人就不同了，这样的人比无德无才的人更可怕。无德无才，想祸害社会，也没有太大的祸害能力；有才无德的人，既有祸害社会之心，又有祸害社会之力。元代的赵天麟在奏章中对此有一个很好的总结："臣以为选用之法，莫贵于德，莫急于才。才德兼全者，大丈夫也；德胜才者，君子也；才胜德者，豪英也；有德无才者，淳士也；有才无德者，小人也；才德兼无者，愚人也。"（《历代名臣奏议》卷一百九十八）德才兼备固然最好，如果必须去其一，那么我们宁肯要"有德无才"的"淳士"，也不要"有才无德"的"小人"。关于有才无德之人的害处，《韩诗外传》卷四有一个形象的说明："《周书》曰：'无为虎傅翼，将飞入邑，择人而食。'夫置不肖之人于位，是为虎傅翼也。"如果把权力交给坏人，就如同为虎添翼，这些坏人就能够肆无忌惮地残害民众了。

著名的道教学者葛洪在《抱朴子外篇·仁明》中却提出了相反的观点，他认为智慧比仁德更为重要。葛洪认为，智慧之所以比仁德更为重要,是因为仁德人人皆有,而智慧并非每人都能具备。另外,智慧之所以更为重要,是因为人类社会的进步"皆大明之所为",是那些最为聪明的人推动了社会的进步。葛洪在立论的时候,无意中混淆了一些概念,比如他用仁德易得而智慧难得来证明智慧重于仁德,这本身就存在两个逻辑漏洞。一是仁德易得而智慧难得这一现象本身并不存在。葛洪在论证自己的观点时说:"以此观之,则莫不有仁心,但厚薄之间;而聪明之分,时而有耳。"说人人具备仁德,但有多少之分,这自然正确;但说智慧不是每个人都有的,却不符合事实。实际上,智慧同仁德一样,每个人都有,也只是有着多少之分而已。二是葛洪用事物获取的难易程度作为这种事物是否重要的标准,从逻辑上看也很难成立,因为难以获取的东西未必就比容易获取的东西更为重要。获取水比获取黄金要容易得多,我们能够因此就说黄金比水更为重要吗?

重视才能而轻忽品德在曹操那里得到了响应:"若必廉士而后可用,则齐桓其何以霸世!今天下得无有被褐怀玉而钓于渭滨者乎?又得无有盗嫂受金而未遇无知者乎?二三子其佐我明扬仄陋,唯才是举,吾得而用之。"(《求贤令》)这篇《求贤令》似乎更重视才,而事实上,站在曹操的角度来看,他说的"盗嫂受金"都属于私德细节,而不属于忠孝大节;对于一个胸怀大才却对己不忠之人,曹操是绝对不能容忍的。

因此,我们也非常赞成本章"有正然后用其能"的观念,选拔人才,必须德才兼备,而德比才更为重要。

广至理章第十二

【题解】

广至理，推广真理。本章与《孝经·广要道章第十二》相对应。《庄子·缮性》："道，理也。"道与理的含义基本一致，那么《广至理》与《广要道》的题目含义也基本一致。不同的是，《广要道》的重点在于推行孝道，而《广至理》重点在于推行无为而治，其中特别强调君主的榜样作用。孝道和无为而治都是治国的基本原则。

古者圣人，以天下之耳目为视听①，天下之心为心②，端旒而自化③，居成而不有④，斯可谓至理也已矣⑤。王者思于至理，其远乎哉⑥？无为⑦，而天下自清⑧；不疑⑨，而天下自信⑩；不私，而天下自公。贱珍，则人去贪⑪；彻侈⑫，则人从俭；用实⑬，则人不伪；崇让⑭，则人不争。故得人心和平，天下淳质⑮，乐其生，保其寿。优游圣德⑯，以为自然之至也⑰。《诗》云："不识不知，顺帝之则⑱。"

【注释】

①以天下之耳目为视听：使用整个天下人的耳目去观察、聆听。《韩

非子·定法》：“人主以一国目视，故视莫明焉；以一国耳听，故听莫聪焉。”作为君主，如果能够发动全国的人为自己去看、去听，那么谁都无法比君主看得更清楚，听得更明白。

② 天下之心为心：把天下百姓的思想当作自己的思想。也即一切都顺应民意。《道德经·四十九章》：“圣人无常心，以百姓心为心。”治国的圣人没有固执不变的思想，而是把百姓的思想当作自己的思想。

③ 端旒（liú）而自化：圣王只用穿上礼服、戴好礼帽坐在那里，而百姓自己就能够化育发展。端，古代的礼服。旒，古代皇帝礼帽前后悬挂的玉串。这里代指礼帽。这里的“端旒”用作动词，穿戴礼服礼帽。关于旒的作用，见“解读一”。

④ 居成而不有：取得治国的成功但不把这些成功据为己有。居，处于，取得。《道德经·二章》：“是以圣人处无为之事，行不言之教。万物作焉而不辞，生而不有，为而不恃，功成而弗居。夫唯弗居，是以不去。”意思是：因此圣人所做的事情就是顺应自然而不提倡人为的干涉，圣人推行的是不用语言的教育。圣人顺应万物的生长而不加以限制，生养了万物而不据为己有，帮助了万物而不要求它们的回报，建立了功劳而不据为己有。正因为圣人从不居功，所以也不会失去自己的功劳。

⑤ 斯可谓至理也已矣：这可以说是治国的真理了。斯，此，这。把“至理”理解为“最佳治理”也可。

⑥ 其远乎哉：这些真理难道离我们很远吗？意思是，只要君主愿意按照这些至理行事，那么这些至理就会来到君主身边，类似于孔子说的：“仁远乎哉？我欲仁，斯仁至矣。”（《论语·述而》）

⑦ 无为：顺应自然规律做事，不要人为干涉。“无为”是道家、儒家非常重视的一个政治概念，那么“无为”的含义究竟是什么呢？详见“解读二”。

⑧自清：自然清净无事。

⑨不疑：不要去多疑。

⑩自信：自然诚信无欺。

⑪贱珍，则人去贪：君主看轻金银财宝，那么民众自然就会消除贪婪之心。贱，不重视。《道德经·三章》："(圣王)不贵难得之货，使民不为盗。"

⑫彻侈：改掉生活奢侈的习惯。彻，撤销，改掉。

⑬用实：奉行实事求是的原则。用，使用，奉行。

⑭崇让：推崇谦虚退让。

⑮淳（chún）质：淳厚质朴。

⑯优游圣德：人们在圣王美德的庇护下过着悠闲自得的日子。优游，悠闲自得的样子。圣德，圣王的美德。

⑰以为自然之至也：以为自己的这种生活状况是一种最自然而然的生活状况。《道德经·十七章》："太上，不知有之。……悠兮，其贵言。功成事遂，百姓皆谓'我自然'。"意思是：最高层次的统治者，百姓感觉不到他们的存在。……（最好的统治者）清静无为而悠然自得，很少发号施令。国家治理得美满祥和，而百姓都认为"我们本来就是这个样子"。

⑱不识不知，顺帝之则：民风淳朴，遵循上帝的原则。不识不知，指不识古今，形容古代民风淳朴。帝，天帝，上帝。这两句诗出自《诗经·大雅·皇矣》。

【译文】

　　古代的那些圣王，使用整个天下人的耳目去观察、聆听，把天下百姓的思想当作自己的思想，他们只用穿上礼服、戴好礼帽坐在那里而百姓自己就能够化育发展，他们取得了治国的成功而从来不把这一成功据为己有，这可以说是治国真理了。帝王如果希望获取这种真理，那么这种真理还会距离自己遥远吗？只要帝王能够做到清净无为，而天下民众自然会变得清净无事；只要帝王不去疑神疑鬼，而天下民众自然会变得诚信无欺；只要帝王不自私自利，而天下民众自然会变得大公无私。只要帝王轻贱金银财宝，那么民众就会消除贪婪之心；只要帝王改掉生活奢侈的习惯，那么民众就会勤俭节约；只要帝王能够实事求是，那么民众就不会弄虚作假；只要帝王推崇谦虚退让之德，那么民众就不会去争权夺利。如此就能够使民众心平气和，天下人的品德都会变得淳厚质朴，他们的生活充满了快乐，自然也就能够延年益寿。人们在圣王美德的庇护下过着悠闲自得的日子，却还以为自己的这种生活状况是一种最自然而然的生活状况。《诗经·大雅·皇矣》说："民风淳朴，遵循上帝的原则。"

【解读】

一

旒，是指古代帝王礼帽上前后悬垂的玉串（后来也用宝珠）。这些玉串，不仅具有一定的装饰作用，更重要的是具有警示意义。关于旒的作用，还要与冠冕左右两边的黈纩联系起来讲。黈纩是指垂挂在冠冕左右两侧用黄色丝绵做成的小绵丸，下与耳朵相齐。对于冕旒与黈纩的作用，春秋时期大政治家晏婴就有明确说明：

　　婴闻之，古者人君……冕前有旒，恶多所见也；纩纮珫耳，恶多所闻也。（《晏子春秋》卷八）

冠冕前面来回摇晃的旒，主要是提醒君主不该看的就不要去看；耳朵两边的纩纮（冠冕左右悬垂耳塞的带子），主要是提醒君主不该听的就不要去听。这一解释并非晏婴个人见解，而是古人的共识："孔子曰：'……故古者冕而前旒，所以蔽明也；统绒塞耳，所以弇聪也。故水至清则无鱼，人至察则无徒。"（《大戴礼记·子张问入官》）关于这段话，东方朔《答客难》解释得更为清楚：

　　故曰："水至清则无鱼，人至察则无徒。冕而前旒，所以蔽明；黈纩充耳，所以塞聪。"明有所不见，聪有所不闻，举大德，赦小过，无求备于一人之义也。

东方朔这段话的意思是:所以说:"水清澈到了极致就无法养鱼,人太苛责别人就没有朋友。冠冕前悬挂的旒,是用来遮挡视线的;冠冕两边悬挂在耳朵边的黄色绵丸,是用来遮蔽听觉的。"眼力虽然很好,该不看的就不要去看;听力虽然很好,该不听的就不要去听;只要大节可以,就要去任用他;对于一些小的错误,就不要再去责罚了;不要对一个人求全责备。简言之,前旒蔽明、黈纩充耳的目的,就是提醒君主要有含垢藏疾的宽宏胸怀,不可斤斤计较小事。关于这方面的例子,我们试举两例:

> (张敞)又为妇画眉,长安中传张京兆眉怃。有司以奏敞。上问之,对曰:"臣闻闺房之内,夫妇之私,有过于画眉者。"上爱其能,弗备责也。(《汉书·张敞传》)

> 时有人告大都督邴绍非毁朝廷为愦愦者,上怒,将斩之。(长孙)平进谏曰:"川泽纳污,所以成其深;山岳藏疾,所以就其大。臣不胜至愿,愿陛下弘山海之量,茂宽裕之德。鄙谚曰:'不痴不聋,未堪作大家翁。'此言虽小,可以喻大。邴绍之言,不应闻奏,陛下又复诛之,臣恐百代之后,有亏圣德。"上于是赦绍,因敕群臣,诽谤之罪,勿复以闻。(《隋书·长孙平列传》)

汉代京兆尹张敞在家为夫人描画眉毛,京城长安的百姓都盛传张敞描画的眉毛特别妩媚可爱,结果有关官员认为张敞的行为有违儒家伦理,并将此事上奏皇帝。张敞自我辩解说夫妇之隐私有过于画眉者,朝廷不该窥探别人闺房内的事情。于是汉宣帝蔽明塞聪,不再追究。隋文帝时,有人举报大都督邴绍私下毁谤文帝是位糊涂昏聩之人,文帝听后十分生气,欲斩之以泄愤。身为工部尚书的长孙平引"不痴不聋,未堪作大家翁"这一民谚,认为对于邴绍的私下牢骚,大臣既不该上奏,皇帝更不该听闻。文帝于是蔽明塞聪,不仅置之不问,而且饬令以后不得再上奏此类诽谤之语。

关于冕旒、黈纩的作用,除了提醒君主不该看的就不要去看、不该听的就不要去听这一解释外,还有与此类似的其他解释,这些解释虽有细微不同,但大都与"不该看的就不要去看、不该听的就不要去听"的本质含义一致。

二

"无为"不仅是道家的一个重要概念,也为儒家所推崇。《论语·卫灵公》记载:"子曰:'无为而治者,其舜也与? 夫何为哉,恭己正南面而已矣。'"孔子说:"能够做到清静无为而使天下安定太平的人,大概就是舜吧? 他做了一些什么事情呢,不过是恭谨律己、面南端坐在那里而已。"

无为是一个为人们所熟知的概念,同时也是一个常常被误解的概念。因此,我们必须要弄明白无为的确切含义。《道德经》虽然多次使用"无为"一词,但没有给出明晰的解释。从字面意思看,所谓的"无为",就是"不为",就是"不做事",而事实上,道家"无为"的含义并非如此。关于老子"无为"的含义,老子的弟子文子在《文子·自然》中引用老子的话,对"无为"做了明确解释:

> 老子曰:"所谓无为者,非谓其引之不来,推之不去,迫而不应,感而不动,坚滞而不流,卷握而不散。谓其私志不入公道,嗜欲不枉正术,循理而举事,因资而立功,推自然之势,曲故不得容,事成而身不伐,功立而名不有。……夏渎冬陂,因高为山,因下为池,非吾所为也。"

所谓的"无为",决不是什么事情都不做,而是顺应客观规律去做事,该做的就做,不该做的就不做,也就是文中说的"循理而举事,因资而立功",这才算是"无为"。文子是老子弟子,他的解释应有很高的权威性。

无为这一原则,不仅可以运用于国家政治,也可以运用于我们个人的日常生活。唐代著作《无能子》卷中记载,有一次,华阳子对无能子说:"最近有人强迫我出仕,这违背了我'无心''无为'的处世原则。"无能子解释说:

故圣人宜处则处,宜行则行。理安于独善,则许由、善卷不耻为匹夫;势便于兼济,则尧、舜不辞为天子,其为无心,一也。……此皆不欲于中,而无所不为也。子能达此,虽斗鸡走狗于屠肆之中,搴旗斩将于兵阵之间,可矣,况仕乎?

无能子解释说,无为,就是顺应着客观环境去做自己应该做的事情。所以圣人该当隐士的时候就去安心当隐士,该当官的时候就积极去当官;需要独善其身的时候,就要像许由、善卷那样不因为身为隐士而感到羞耻;需要兼济天下的时候,就要像尧、舜那样面对天子之位而当仁不让。圣人心里没有任何个人成见,能够承当所有应该承担的事务。所以说,只要是顺应了客观需要,即使到市场上去斗鸡走狗,到战场上去冲锋陷阵,都没有违背无为的原则,更何况仅仅是出仕为官。

至于孔子说的舜"何为哉,恭己正南面而已矣",则涉及无为的另一原则——上无为而下有为。道家、儒家都认为,君主要做到清静无为,具体事务应该让臣下去做,自己尽量少插手具体事务。当然,所谓的君主无为,只是相对的,不是绝对什么也不干,如果什么也不干,那也不对。君主要做的事情就是两样:第一是正己。做君主的首先要搞好自身的道德修养,做一个思想境界高尚的人。这也就是孔子说的:"其身正,不令而行;其身不正,虽令不从。"(《论语·子路》)只要君主品德高尚,不用命令而臣民自然听从;君主品质低下,即使命令臣民也不服从。第二是善于知人、用人。《荀子·大略》说:"主道知人,臣道知事。故舜之治天下,不以事诏而万物成。"荀子认为:"做君主的主要任务是知人用人,做大臣的主要任务是懂得如何做事。所以舜在治理天下的时候,不用去操心具体的政务而所有事情都办成功了。"

简言之,无为,就是遵循正确原则,根据具体情况,该干嘛就干嘛。

扬圣章第十三

【题解】

扬圣,宣扬君主的圣明美德。本章是对《孝经·广至德章第十三》的补充。《广至德》要求君主推行最为美好的品德,以保证民众能够和睦相处,国家能够安定祥和,而本章则要求大臣弥补君主的不足,颂扬君主的美德,并以历史事实为证,说明使具有至德的圣君名满天下,流芳百世,也是大臣尽忠的一种表现。

君德圣明,忠臣以荣[1];君德不足,忠臣以辱。不足则补之,圣明则扬之,古之道也。是以虞有德[2],咎繇歌之[3];文王之道,周公颂之[4];宣王中兴[5],吉甫咏之[6]。故君子臣于盛明之时[7],必扬之盛德[8],流满天下,传于后代,其忠矣夫。

【注释】

[1]忠臣以荣:忠臣为此而感到荣耀。以,以此,因此。

[2]虞:传说中的远古圣王。姚姓,名重华,号有虞氏,史称"虞舜"。

[3]咎繇(gāo yáo):又作皋陶。虞舜时的大臣,负责司法。曾辅佐大禹治水,大禹封其后裔于英(今湖北英山)、六(今安徽六安)一

带。关于皋繇对虞舜的歌颂,《尚书·益稷》记载:"帝(指虞舜)庸作歌曰:'敕天之命,惟时惟几。'乃歌曰:'股肱喜哉,元首起哉!百工熙哉!'皋陶拜手稽首……乃赓载歌曰:'元首明哉,股肱良哉,庶事康哉!'"

④文王之道,周公颂之:对于周文王所掌握的大道,周公也予以颂扬。文王,姓姬名昌,商朝时封为西伯。史书记载文王推行仁义,礼敬贤人,尊老爱幼,从而使周国逐渐强大,为日后周武王灭商奠定了基础。周公,姓姬名旦,为文王之子。周公先辅佐兄长周武王灭商建周,武王去世后,周成王年幼,周公摄政,他制礼作乐,为西周典章制度的主要创建者。周公执政时,创作了许多歌颂文王的诗歌,如《诗经·大雅·文王》等。

⑤宣王中兴:周宣王让周朝复兴。宣王,指周宣王(?—前782),姓姬,名静,一作靖。周厉王之子,前827年—前782年在位。周宣王继位后,重用贤人,励精图治,使西周的国力得到短暂恢复,史称"宣王中兴"。中兴,指国家由衰退而复兴。

⑥吉甫:即尹吉甫,又作尹吉父。姓兮,名甲,也称兮伯吉父。尹吉甫是周宣王时的著名贤相,辅佐周宣王中兴。咏,咏唱,歌颂。相传《诗经·大雅》中的《崧高》《烝民》均为尹吉甫所作,内容是赞美周宣王的功德。

⑦臣于盛明之时:在国家强盛、政治清明的时代做大臣。臣,用作动词。做大臣。

⑧必扬之盛德:一定要宣扬君主的伟大品德。之,代指君主。

【译文】

君主的品德如果圣明了,忠臣就会为此而感到荣耀;君主的品德如果有所欠缺,忠臣就会为此而感到羞耻。君主的品德如果有所欠缺,忠臣就应该予以弥补;君主的品德如果圣明,忠臣就应该予以颂扬,这是自古以来的原则。因此虞舜具有美好的品德,皋陶就去歌颂他;周文王掌握了大道,周公就去颂扬他;周宣王能够使周朝复兴,尹吉甫就去赞美他。因此,君子在国家强盛、政治清明的时代做大臣,就一定要宣扬君主的伟大品德,让君主的美名传遍天下,流传给后世,这也是忠于君主的一种表现。

【解读】

君主有美德,臣下自然应该予以宣扬,这是臣下的责任与义务。儒家还有一种可能会引起争议的扬君之善的方法:

> 子云:"善则称君,过则称己,则民作忠。《君陈》曰:'尔有嘉谋嘉猷,入告尔君于内,女乃顺之于外,曰:"此谋此猷,惟我君之德。"於乎!是惟良显哉!'"(《礼记·坊记》)

孔子说:"有了善行,就要把它归功于君主;有了过错,则要把它归咎于大臣自己。那么百姓就会忠于君主。《尚书·君陈》说:'你们如果有了好主意好谋略,就要进宫把这些好主意好谋略告诉君主,出宫后你们要忠实地按照这些好主意好谋略行事,而且还要宣称:"这些好主意好谋略,都是出自我们品德高尚的君主啊。"哎!这样做就能够真正使君主扬美名于天下了!'"臣下要想方设法让君主包揽所有的善行,而自己则承担全部的过错。这一处事方法还可以运用到一般上下级关系上,《了凡四训·积善之方》记载:

> 嘉兴屠康僖公,初为刑部主事,宿狱中,细询诸囚情状,得无辜者若干人。公不自以为功,密疏其事,以白堂官。后朝审,堂官摘其语,以讯诸囚,无不服者,释冤抑十余人,一时辇下咸颂尚书之明。

明代嘉兴(今浙江嘉兴)人屠勋(去世后谥康僖)是成化五年进士,先后任刑部主事、刑部郎中、刑部尚书等职。在他任刑部主事时,就住在监狱里,仔细询问各个囚犯的情况,发现其中有一些囚犯是被冤枉的无辜者。屠勋没有把这一发现当作自己的功劳,而是悄悄地把这些囚犯的冤情记录下来,然后把他们的冤情汇报给自己的上级刑部尚书(文中说的堂官)。后来在朝审(朝廷重臣集体参与的对死刑案件的会审)的时候,刑部尚书就根据屠勋的记录,去重新审讯这些囚犯,参加朝审的官员听后无不心服口服,于是就释放了十多位被冤枉的囚犯,当时京城的人们都颂扬刑部尚书的英明。屠勋这种推功于上司的做法,与孔子讲的是一模一样。这样做,不仅能够理顺上下级关系,更有利于推行自己的主张。

　　当然,这种扬君之善的做法,含有"伪"的成分。对于这种"伪",人们会因集苑集枯而见仁见智,我们应该具体事件具体分析,不可一概赞成或一概否定。

辨忠章第十四

【题解】

辨忠，分辨忠诚与奸邪。忠诚可以保家卫国，能够养育万物，所以君主的首要任务就是要辨别忠奸。作者认为，仁义、智慧、勇敢这些美好的品质，必须以忠君为基础，才能成就一番事业；否则，就会导致滥施恩惠、文饰奸诈、犯上作乱等事情的发生。

大哉，忠之为用也！施之于迩①，则可以保家邦②；施之于远，则可以极天地③。故明王为国④，必先辨忠。君子之言，忠而不佞⑤；小人之言，佞而似忠而非⑥，闻之者鲜不惑矣⑦。夫忠而能仁，则国德彰⑧；忠而能知⑨，则国政举⑩；忠而能勇，则国难清⑪。故虽有其能，必由忠而成也。仁而不忠，则私其恩⑫；知而不忠，则文其诈⑬；勇而不忠，则易其乱⑭。是虽有其能⑮，以不忠而败也。此三者⑯，不可不辨也。《书》云："旌别淑慝⑰。"其是之谓乎⑱。

【注释】

①施之于迩（ěr）：把忠诚这一品质运用于身边的各种事务中。迩，

近，身边。

②保家邦：保护自己的家庭与国家。邦，国家。

③可以极天地：可以像至高无上的天地那样养育万物。极，顶点，至高无上的。

④为国：治理国家。为，治理。

⑤忠而不佞（nìng）：讲真话而不会巧言谄媚。忠，指忠诚之言、真话。佞，花言巧语，巧言谄媚。

⑥似忠而非：看似忠诚之言而实际全是奸邪之言。非，错误，奸邪。这里指骗人的谎话。

⑦鲜不惑矣：很少不被迷惑的。鲜，很少，极少。

⑧则国德彰：那么国家、君主的美德就会得到彰显。

⑨知：智慧。

⑩国政举：国家的政令就能够顺利推行。举，举行，推行。

⑪国难清：国家的战乱就能够平息。难，灾难。这里主要指战乱。

⑫私其恩：指以个人名义给人恩惠，而不是以君主的名义给人恩惠，也即为了自己利益而去笼络人心。一说是指把恩惠施与自己的私人。

⑬文其诈：文饰自己的欺诈言行。文，文饰，掩盖。

⑭易其乱：容易作乱。《论语·泰伯》："子曰：'恭而无礼则劳，慎而无礼则葸，勇而无礼则乱，直而无礼则绞。'"

⑮是：这，这样。代指"仁而不忠，则私其恩；知而不忠，则文其诈；勇而不忠，则易其乱"。

⑯此三者：指"仁而不忠，则私其恩；知而不忠，则文其诈；勇而不忠，则易其乱"这三种情况。关于这三种情况的实例，见"解读"。

⑰旌（jīng）别淑慝（tè）：要分辨清楚好人与坏人。旌别，识别，分辨。旌，识别。淑，好，好人。慝，坏，坏人。这句话出自《尚书·毕命》。

⑱其是之谓乎：即"其谓是乎"。大概说的就是这个道理吧。其，副词。相当于"大概"。是，代指本章讲的情况。之，宾语前置的标志。

【译文】

多么的伟大啊，忠诚品德的作用！把忠诚这种品质运用于身边的事务，就能够保护好自己的家庭与国家；把忠诚这种品质推广开去，就能够像至高无上的天地那样养育万物。所以圣明的君主在治理国家的时候，首要的事情就是要分辨清楚忠奸之人。君子们所说的话，忠诚真实而不会花言巧语；小人们所说的话，巧言谄媚、看似忠君而实际全是奸邪之言，然而听到这些花言巧语的人很少没有不被迷惑的。任用那些既忠诚又仁义的人，那么国家与君主的美德就会得到彰显；任用那些忠诚而又有智慧的人，国家的政令就一定能够得到推行；任用那些忠诚而又果断英勇的人，就一定能够平定国难。所以说，一个人即使具备了各方面的才能，但一定还要依靠忠诚这种品质才能真正成就一番大的事业。如果只有仁义而没有忠诚，就会以个人名义施恩惠与他人；如果只有智慧却没有忠诚，就会善于利用自己的智慧去掩盖自己的欺诈行为；如果只有果断英勇而没有忠诚，那么他就会轻易作乱。这些都足以说明，即使很有才干的人，都会因为缺乏忠诚而招致失败。对于这三个方面的情况，不可不辨别清楚。《尚书·毕命》说："要分辨清楚好人和坏人。"大概讲的就是这个道理吧。

【解读】

本章说："仁而不忠，则私其恩；知而不忠，则文其诈；勇而不忠，则易其乱。是虽有其能，以不忠而败也。"对于这三种情况，我们各举一例予以说明。

第一，仁而不忠，则私其恩。

关于"私其恩"以达到个人目的最典型例子，就是春秋、战国之交时的田成子。《史记·田仲敬完世家》记载：

> 于是田常复修釐子之政，以大斗出贷，以小斗收。齐人歌之曰：
> "妪乎采芑，归乎田成子！"

文中说的田常即田成子，是齐国的大夫，釐子是田成子的父亲。田常继承父爵之后，继续用他父亲釐子以大斗把粮食借出、以小斗收回的办法收买民心。齐国百姓对田成子感恩戴德，歌颂他说："老太太采芑菜呀，芑菜送给田成子！"据《史记·齐太公世家》记载，齐国大夫晏婴对田氏家族"私其恩"的严重结果，有着清醒的认识：

> （齐）景公使晏婴之晋，与叔向私语曰："齐政卒归田氏。田氏虽无大德，以公权私，有德于民，民爱之。"

齐景公派晏婴出使晋国，晏婴私下对晋国大夫叔向说："齐国的政权最终大概要落入田氏手中。田氏虽然没有什么大的美德，但他们以公权谋私利，施恩惠与百姓，百姓都很热爱这个家族。"晏婴不幸言中，田成子用大斗出贷、小斗回收的方法，施恩惠于民，在取得百姓的拥戴之后，他杀掉了自己的君主齐简公，立齐平公，自为相，掌控了齐国政权。

正是因为"私其恩"会为君主带来严重威胁，处理不当，也会为自己带来灾难，所以孔子明确反对"私其恩"的行为。《韩非子·外储说右上》记载：

> 季孙相鲁，子路为邱令。鲁以五月起众为长沟，当此之时，子路以其私秩粟为浆饭，要作沟者于五父之衢而餐之。孔子闻之，使子贡往覆其饭，击毁其器，曰："鲁君有民，子奚为乃餐之？"子路怫然怒，攘肱而入，请曰："夫子疾由之为仁义乎？所学于夫子者，仁义也；仁义者，与天下共其所有而同其利者也。今以由之秩粟而餐民，其不可何也？"孔子曰："由之野也！吾以女知之，女徒未及也。女故如是之不知礼也！女之餐之，为爱之也。夫礼，天子爱天下，诸侯爱境内，大夫爱官职，士爱其家，过其所爱曰侵。今鲁君有民，而子擅爱之，是子侵也，不亦诬乎！"言未卒，而季孙使者至，让曰："肥（季孙名肥）也起民而使之，先生使弟子止徒役而餐之，将夺肥之民

耶?"孔子驾而去鲁。以孔子之贤,而季孙非鲁君也,以人臣之资,假人主之术,蚤(早)禁于未形,而子路不得行其私惠,而害不得生,况人主乎! 以景公之势而禁田常之侵也,则必无劫弑之患矣。

这段文字的意思是:季孙担任鲁相的时候,子路在郈(在今山东东平一带)当长官。鲁国在五月发动民众开挖很长的渠道,当这个工程正在进行的时候,子路拿出自己当官得到的粮食做成稀饭,邀请挖渠道的民工到五父之衢(在今山东曲阜东南)吃饭。孔子听说了这件事情之后,就让子贡去掀翻了他的稀饭,打破了他的餐具,说:"这些民工是鲁国君主的百姓,你为什么要给他们做饭吃?"子路勃然大怒,卷起袖子、扬着胳膊闯进孔子的室内,质问孔子:"先生是嫉妒我仲由施行仁义吗? 我从先生这里学到的知识,就是仁义;所谓的仁义,就是和天下人共同拥有财富而且共同享有利益。如今我用个人当官得来的粮食去给民工食用,为什么就不可以呢?"孔子说:"你太粗野了! 我还以为你已经懂得了其中的道理,原来你是根本就没有明白。你原来是如此不懂礼制啊! 你给民工饭吃,是因为爱他们。然而按照礼制的规定,只有天子才有资格爱护整个天下之民,诸侯只能爱护自己的境内之民,大夫只能爱护自己职务范围之内的人,士只能爱护自己的家人,超过自己所应该爱护的范围,就叫侵权。如今鲁国君主拥有自己的民众,而你却去擅自爱护他们,这就是你侵犯了鲁国君主的权力,你这样做不是在蒙骗君主吗?"话还没有说完,季孙的使者就来了,指责孔子说:"我季肥(即季孙)发动民众让他们服劳役,先生却派你的弟子去让他们停止劳作而去吃饭,你是想要争夺我的民众吗?"孔子随即就驾着车子离开了鲁国。韩非接着评论说:"凭着孔子的贤能,而且季孙还不是鲁国的君主,季孙只是以臣子的地位,借用了君主的统治权术,还能够及早地杜绝祸害于还没有形成之时,而子路也就无法施行他的个人恩惠,因此灾难也就不可能产生了,更何况是君主呢! 用齐景公的权势去杜绝田成子的侵权行为,那么一定就不可能发生劫杀君主的灾难了。"

第二，知而不忠，则文其诈。

本章认为，一个大臣如果只有智慧而没有忠君之心，他就会利用自己的智慧去掩盖自己的欺诈行为。春秋时期宋国大夫子罕就是这样的人。《韩非子·二柄》记载：

> 子罕谓宋君曰："夫庆赏赐予者，民之所喜也，君自行之；杀戮刑罚者，民之所恶也，臣请当之。"于是宋君失刑而子罕用之，故宋君见劫。

有一次，宋国大夫子罕对宋桓侯说："奖赏恩赐这样的事情，是人们所喜欢的，您就亲自施行吧，杀戮刑罚这样的事情，是民众所厌恶的，就请让我来承担吧。"从表面来看，子罕是好心好意地代君主受过，而实际目的是为了剥夺君主掌管刑罚的权力。由于"小人之言，佞而似忠而非，闻之者鲜不惑矣"，宋桓侯被子罕"佞而似忠而非"的花言巧语所迷惑，把刑罚大权拱手让给子罕，导致自己最终失去了君位。

早在商、周之交时，人们就提出大臣不可"作威作福"。《尚书·洪范》记载，周武王灭商后，曾向箕子请教治国的原则，箕子回答说："惟辟作福，惟辟作威，惟辟玉食。臣无有作福、作威、玉食。臣之有作福、作威、玉食，其害于而家，凶于而国。"意思是：只有天子才有权力赐福臣民，只有天子才有权力惩罚臣民，只有天子才有权力享用美食。臣子没有赐福民众、惩罚民众、享用美食的权力。如果臣子出现了赐福民众、惩罚民众、享用美食的情况，就会危害您的家庭，祸乱您的国家。田成子假惺惺地施恩惠于百姓，是"作福"；子罕用花言巧语骗得了刑罚权力，是"作威"，他们都为他们的君主带来了灭顶之灾。

第三，勇而不忠，则易其乱。

本章认为，如果只有果断勇猛的品性而没有忠君之心，那么他就会轻易作乱。春秋时期就发生过这样的事情。《史记·宋微子世家》记载：

> （宋湣公）十年夏，宋伐鲁，战于乘丘，鲁生虏宋南宫万。宋人请万，万归宋。十一年秋，湣公与南宫万猎，因博争行，湣公怒，辱

之，曰："始吾敬若；今若，鲁虏也。"万有力，病此言，遂以局杀湣公于蒙泽。大夫仇牧闻之，以兵造公门。万搏牧，牧齿著门阖死。因杀太宰华督，乃更立公子游为君。诸公子奔萧，公子御说奔亳。万弟南宫牛将兵围亳。冬，萧及宋之诸公子共击杀南宫牛，弑宋新君游而立湣公弟御说，是为桓公。宋万奔陈。宋人请以赂陈。陈人使妇人饮之醇酒，以革裹之，归宋。宋人醢万也。

宋湣公十年（前683）夏天，宋湣公派兵入侵鲁国，在乘丘（在今山东兖州）被鲁国击败，宋国将领南宫万被鲁国俘虏。后来在宋国的请求下，南宫万被释放回国。第二年秋天，宋湣公与南宫万一起在蒙泽（在今河南商丘东北）打猎，在这期间，南宫万因与宋湣公下棋争道，宋湣公很生气，于是辱骂南宫万说："过去我很敬重你，如今你不过是个鲁国的俘虏而已，所以我不再敬重你了。"南宫万听后极为恼火，就用棋盘砸死了宋湣公。接着南宫万又杀害了大夫仇牧和太宰华督，改立公子游为君。宋国的几位公子都逃到萧（在今安徽萧县），宋湣公的弟弟公子御说逃到亳（在今安徽亳州一带）。南宫万的弟弟南宫牛率兵包围了亳。同年冬天，萧邑大夫与宋国公子们一起击杀南宫牛，并杀死刚立的新君公子游，另立公子御说为君，是为宋桓公。南宫万逃到陈国，宋国人以重金贿赂陈国，陈国人就让美女陪南宫万喝美酒，将他灌醉后，用皮革把他捆裹起来，送回宋国，宋国人将南宫万剁成肉酱。

南宫万勇猛有力，《左传·庄公十二年》也记载了这件事情："陈人使妇人饮之酒，而以犀革裹之。比及宋，手足皆见。"陈国人把南宫万灌醉之后，用犀牛皮把他捆裹得结结实实地送回宋国，等到了宋国时，南宫万竟然能够捅破犀牛皮，手脚都露了出来，其力气之大可想而知。南宫万可以说是"勇而不忠，则易其乱"的典型，因为弑君，他不仅葬送了自己全家，也导致了整个国家的动荡不安。

忠谏章第十五

【题解】

忠谏，对君主进行忠诚劝谏。本章与《孝经·谏诤章第十五》相对应。《谏诤章》主要讲对父母的劝谏，而本章主要讲对君主的劝谏。本章认为，最好要谏于"无形"，其次谏于"已彰"，最下谏于"既行"。作者还提出"始于顺辞，中于抗议，终于死节"三种进谏方式，最终目的都是为了成就君主的美好品德，以保证国家的安定祥和。

忠臣之事君也，莫先于谏①。下能言之②，上能听之③，则王道光矣④。谏于未形者⑤，上也⑥；谏于已彰者⑦，次也；谏于既行者⑧，下也。违而不谏⑨，则非忠臣。夫谏，始于顺辞⑩，中于抗议⑪，终于死节⑫，以成君休⑬，以宁社稷⑭。《书》云："木从绳则正，后从谏则圣⑮。"

【注释】

①莫先于谏：首先要做到的就是敢于进谏君主。

②下：指臣下。

③上：指君主。

④王道光矣：先王所制定的以仁义治天下的正确原则就能够得到发扬光大了。儒家把以仁义治天下的政治主张叫"王道"，把主要凭借武力权势、辅以仁义去统治天下的政治主张叫"霸道"。

⑤谏于未形者：当君主的错误还没有出现的时候就去进谏。未形，没有形成。指没有出现错误的苗头。

⑥上也：最好的进谏方式。

⑦已彰者：错误已经出现苗头。彰，彰显，出现错误苗头。

⑧既行者：错误行为付诸实施之后。也即君主的错误已经形成。

⑨违而不谏：君主违背了正道，而臣下却不去进谏。

⑩始于顺辞：开始时，要用委婉柔顺的言辞去劝告君主。

⑪中于抗议：其次要义正词严地进行抗争。

⑫终于死节：最终要用自己的生命去进行谏诤。以上三句话的意思是，开始进谏时，要和颜悦色地劝告君主，希望君主能够接受；如果君主拒绝接受，那就要义正词严地进行抗争；如果言辞抗争之后，君主依然不接受，那就用自己的生命去谏诤。关于这三种进谏方式的实例，见"解读"。

⑬以成君休：以此成就君主的美好品德。休，美好，美德。理解为美好的事业也可。

⑭以宁社稷：以此使国家安宁祥和。社稷，土神与谷神，代指国家。

⑮木从绳则正，后从谏则圣：木材遵照木工的墨线进行加工处理就会变直，君主听从臣下的劝谏就会变得圣明。绳，木工画直线用的墨绳。正，直。后，帝王，君主。这两句出自《尚书·说命上》。

【译文】

忠臣在侍奉君主的时候，首先要做的事情就是要敢于进谏君主。臣下能够直言进谏，君主能够虚心纳谏，那么先王所制定的以仁义治天下的正确原则就能够得到发扬光大了。当君主的错误还没有出现的时候就去进谏，这是最好的进谏方式；当君主的错误刚刚出现苗头的时候就去进谏,这是次一等的进谏方式;当君主的错误行为已经付诸实施之后再去进谏,这是最下等的进谏方式。君主违背了正道而臣下不去劝谏,那么这样的臣下就不是忠臣。进谏君主,开始的时候要用委婉柔和的言辞去劝告君主,其次就要义正词严地进行抗争,最终要用自己的生命去进行谏诤,以此来成就君主的美好品德,以此来保证国家的安定祥和。《尚书·说命上》说:"木材遵循木工的墨线进行加工处理就会变直,君主听从臣下的劝谏就会变得圣明。"

【解读】

关于"始于顺辞,中于抗议,终于死节"这三种谏诤方式,我们看《三国演义》第六十回"张永年反难杨修　庞士元议取西蜀"中的描述。三国时期,刘备率军应益州牧刘璋的邀请进入益州(今四川一带),阴谋借此机会夺取刘璋的益州,而刘璋对此一无所知。当刘璋兴致勃勃地去迎接刘备时,我们看他的属下对他的几种进谏方式:

> 是年冬月,(刘备)引兵望西川进发。行不数程,孟达接着,拜见玄德,说:"刘益州令某领兵五千远来迎接。"玄德使人入益州,先报刘璋。璋便发书告报沿途州郡,供给钱粮。璋欲自出涪城亲接玄德,即下令准备车乘帐幔,旌旗铠甲,务要鲜明。

> 主簿黄权入谏曰:"主公此去,必被刘备之害。某食禄多年,不忍主公中他人奸计。望三思之!"张松曰:"黄权此言,疏间宗族之义,滋长寇盗之威,实无益于主公。"璋乃叱权曰:"吾意已决,汝何逆吾!"权叩首流血,近前口衔璋衣而谏。璋大怒,扯衣而起。权不放,顿落门齿两个。璋喝左右,推出黄权。权大哭而归。

> 璋欲行,一人叫曰:"主公不纳黄公衡忠言,乃欲自就死地耶!"伏于阶前而谏。璋视之,乃建宁俞元人也,姓李,名恢。叩首谏曰:"窃闻君有诤臣,父有诤子。黄公衡忠义之言,必当听从。若容刘备入川,是犹迎虎于门也。"璋曰:"玄德是吾宗兄,安肯害吾?再言者必斩!"叱左右推出李恢。……

　　次日，上马出榆桥门。人报从事王累，自用绳索倒吊于城门之上，一手执谏章，一手仗剑，口称如谏不从，自割断其绳索，撞死于此地。刘璋教取所执谏章观之。其略曰："益州从事臣王累，泣血恳告：窃闻良药苦口利于病，忠言逆耳利于行。昔楚怀王不听屈原之言，会盟于武关，为秦所困。今主公轻离大郡，欲迎刘备于涪城，恐有去路而无回路矣。倘能斩张松于市，绝刘备之约，则蜀中老幼幸甚，主公之基业亦幸甚！"刘璋观毕，大怒曰："吾与仁人相会，如亲芝兰，汝何数侮于吾耶！"王累大叫一声，自割断其索，撞死于地。

　　黄权的第一次劝谏就属于"始于顺辞"，他用温和的语言劝告刘璋不可轻信刘备；当刘璋拒绝纳谏之后，黄权第二次"叩首流血，近前口衔璋衣"的进谏方式与李恢的进谏方式，就属于"中于抗议"；而王累"自割断其索，撞死于地"的进谏方式就属于"终于死节"。

　　我们最后顺便要说明的是，孔、孟并不赞成臣下一味"死谏"的行为。《史记·孔子世家》记载：

　　　　卫孔文子将攻太叔，问策于仲尼。仲尼辞不知，退而命载而行，曰："鸟能择木，木岂能择鸟乎！"

　　孔文子是卫国大贵族，孔子对他十分推崇："子贡问曰：'孔文子何以谓之"文"也？'子曰：'敏而好学，不耻下问，是以谓之"文"也。'"（《论语·公冶长》）孔子的许多弟子来自卫国，他周游列国首先选择的就是卫国。孔文子计划进攻另一位贵族太叔，于是就向孔子请教如何进攻，孔子听后，马上命令弟子驾车离开卫国，并说："我就像鸟儿一样，可以择木而栖，而卫国这棵树难道能够选择鸟儿吗！"可见孔子面对政见不合的当权者，并不愿意去死谏，而是选择离开。孟子对此的态度更为鲜明，《孟子·万章下》记载：

　　　　齐宣王问卿。孟子曰："王何卿之问也？"王曰："卿不同乎？"曰："不同。有贵戚之卿，有异姓之卿。"王曰："请问贵戚之卿。"曰："君有大过则谏，反覆之而不听则易位。"王勃然变乎色。曰："王勿异也。王问臣，臣不敢不以正对。"王色定，然后请问异姓之卿。

曰："君有过则谏，反覆之而不听则去。"

齐宣王向孟子请教当卿（古代高级官员的名称。西周、春秋时天子、诸侯都有卿，分上、中、下三等）的责任。孟子问："大王您问的是哪类卿啊？"宣王问："卿有什么不同吗？"孟子说："当然有不同。有同族之卿，有异姓之卿。"宣王说："那就请问同族卿的责任。"孟子说："君主犯了大错，同族卿就要进行劝谏，反复劝谏而君主不听，那么就要换另一位同族人去取而代之。"宣王听后吃惊得连表情都变了。孟子解释说："您不要感到吃惊。您询问我，我不敢不用正确的答案来回答您。"宣王的表情恢复正常后，又询问异姓卿的责任。孟子回答："君主有了过错，异姓卿也要劝谏，反复劝谏而君主不听，那么异姓卿就应该拂袖而去。"

孔、孟都没有主张死谏，我们对此也十分赞成。道不同不相为谋，为一个颟顸无知或怙恶不悛的人献身，实在不太值得！

证应章第十六

【题解】

证应，阐明善恶报应的道理。证，证明，说明。应，报应。本章与《孝经·感应章第十六》相对应。《感应章》认为如果能够孝敬父母，就能够感动神灵而获取许多福佑。本章继承这一思想，认为只要能够忠于君主，就能够得到上天的恩赐，否则就会为自己招来灾祸。

惟天监人①，善恶必应②。善莫大于作忠，恶莫大于不忠。忠则福禄至焉，不忠则刑罚加焉。君子守道③，所以长守其休④；小人不常⑤，所以自陷其咎⑥。休咎之征也⑦，不亦明哉？《书》云："作善降之百祥，作不善降之百殃⑧。"

【注释】

①惟天监人：上天在监视着人们。惟，发语词。监，监视，审查。

②善恶必应：行善作恶都一定会得到上天的报应。关于善恶报应的观念及史书记载事例，可见"解读"。

③守道：坚守忠君之道。道，正道。这里具体指忠君之道。

④所以长守其休：这就是他们能够长期保有福祉的原因。所以，……

的原因。休，美好，福祉。

⑤小人不常：小人不能长期坚守忠君之道。常，持之以恒。《论语·子路》："子曰：'南人有言曰："人而无恒，不可以作巫医。"善夫！'""不常"即"无恒"。一说，"常"指常道、正道，也即忠君之道。"小人不常"就是小人不能坚守忠君之道。

⑥所以自陷其咎：这就是他们自己为自己带来灾难的原因。咎，灾祸，灾难。

⑦休咎之征也：获取福祉与自陷灾难的原因。征，征兆。这里引申为原因。

⑧作善降之百祥，作不善降之百殃：做善事，上天就会为他降下很多的福祉；做坏事，上天就会对他降下很多的灾难。祥，吉祥，福祉。这两句出自《尚书·伊训》。

【译文】

上天在监视着人们，行善作恶都会得到上天的报应。最大的善事就是忠于君主，最大的恶事就是不忠于君主。忠于君主就能够得到许多福祉与俸禄，不忠于君主就会受到严厉的惩处。君子能够坚守着忠君之道，这就是他们能够长期保有福祉、俸禄的原因；小人不能长期坚守忠君之道，这就是他们自己为自己带来灾难的缘故。获取福祉与遭遇灾难的原因，不是也非常的明确了吗？《尚书·伊训》说："做善事，上天就会为他降下很多的福祉；做坏事，上天就会对他降下很多的灾难。"

【解读】

因果报应，是中国古代哲学、伦理学中的重要问题之一，而本章作者对善恶报应持坚信不疑的态度。为了使读者能够对这一问题有进一步的认识，我们这里就较为全面、但很简要地梳理一下中国古代的因果报应思想。我们讲三个问题：中国本土的宗教报应观、佛教的报应观，以及人事报应问题。

一、中国本土宗教报应观。

善恶有报是中国固有的传统观念,而"报"的权力,就掌控在神灵的手中:"《周书》曰:'皇天无亲,惟德是辅。'"(《左传·僖公五年》)上天对谁也不亲近,只帮助那些品德美好的人;那么反过来,上天还会对恶人进行惩罚。《周易·坤卦·文言》说:

> 积善之家,必有余庆;积不善之家,必有余殃。

与后来传入中国的佛教因果报应观相比,中国的传统报应观有自己的特点。先秦人认为,一个人恶有恶报,善有善报,如果这个人的善恶没有得到报应,那么这个报应就会落在他们的子孙身上。中国本土的这种报应观会产生两个"弊端":一是对极端自私的人缺乏约束力。那些极端自私的人只管自己享受,不顾父母妻儿,面对这种报应观,他们就会心存侥幸,既然自己作恶可能不会得到惩罚,而是由子孙承担,那么自己就可以为所欲为了。二是中国的史学非常发达,从先秦开始,对于一些重要的历史人物及其后人的一生经历,史书都有记载。当人们翻阅史书时,发现某人的善恶没有得到应有的报应,于是就去查阅其子孙的经历,结果发现其子孙依然没有得到应有的报应,于是这种报应观就容易受到人们的怀疑。史学家司马迁就是如此。《史记·伯夷列传》说:

> 或曰:"天道无亲,常与(帮助)善人。"若伯夷、叔齐,可谓善人者非耶?积仁洁行如此而饿死!且七十子之徒,仲尼独荐颜渊为好学。然回也屡空(贫穷),糟糠不厌(吃不饱糟糠),而卒早夭。天之报施善人,其何如哉?盗跖日杀不辜,肝人之肉,暴戾恣睢(残暴放纵),聚党数千人横行天下,竟以寿终。是遵何德哉!此其尤大彰明较著也。若至近世,操行不轨(不遵正道),专犯忌讳,而终身逸乐,富厚累世不绝。或择地而蹈之(循规蹈矩),时然后出言,行不由径,非公正不发愤,而遇祸灾者,不可胜数也。余甚惑焉:傥所谓天道,是耶非耶?

司马迁感到非常疑惑:像伯夷、叔齐、颜回这样的好人,要么饿死,要么夭折;像盗跖这样的坏人,日杀不辜,暴戾恣睢,竟以寿终。这些坏人不仅自己"终身逸乐",而且"富厚累世不绝",连他们的后代也世世代代享受荣华富贵。于是司马迁就开始怀疑"天道无亲,常与善人"这种中国本土的报应观了。正是因为中国本土的报应观容易受到怀疑,其结果也就削弱了这一报应思想的约束力。

二、佛教报应观。

与中国本土报应观相比,佛教报应观就显得非常周密精细,克服了中国报应观的这些弊端。佛教报应观有两点值得注意:

一是:善有善报,恶有恶报,而且这种报应必须由本人承担,用通俗的话讲,就是"谁欠债,谁还钱",包括子孙在内的任何人都无法替他还债。

二是:佛教把报应思想与轮回思想联系起来。佛教认为,一个人得到报应可能出现在三个时间段:一是现报,二是生报,三是后报。所谓"现报",就是说一个人或行善或作恶,在这个人活着的时候,就能得到报应。所谓"生报",是指一个人这辈子作的"业",到他的来生、也即下一辈子时得到报应。所谓"后报",是指一个人这辈子作的"业",要等到他的第二生、第三生,甚至百生、千生以后才得到报应。

这样一来,佛教报应思想就克服了中国本土报应观的两个"弊端":第一,对于那些极端自私的人,具有极强的约束力,他们没有任何办法推卸自己的责任。第二,这种报应思想,我们世俗人根本无法去验证。别说是百生、千生,即便是下一生,我们会变成什么东西,生活状况如何,我们根本无法去考证。人们有一种普遍心理,对于这类没法验证的事情,我们宁可信其有,不可信其无,更何况这是大圣人释迦牟尼佛说的。如地狱问题就是如此。因为佛教的影响,后来的道教也讲地狱,认为一个人做了坏事,死后会下地狱。有一次,有人就问他的一位高道好友:"你们天天在讲地狱,你实话告诉我,地狱究竟有没有?"道士回答说:"究竟有没有地狱,说实话,我也不知道。无论有没有,您就当它有,万一有了怎么办?"也就是说,地狱有无的问题,我们这些活着的人虽然没有能力去调查清楚,但还是多做好事,少做坏事,万一有了地狱,我们也不用担心,死得也比较踏实。苏东坡就是带着这种心情离开人世的。苏东坡的弟弟苏辙在《亡兄子瞻端明墓志铭》中记载,苏东坡临死时对儿子们说:

> 吾生无恶,死必不坠。

苏东坡认为自己生前没有做过任何坏事,死后绝对不会坠入地狱,所以他是带着坦然、安详的心境告别人世的。

我们顺便讲一下佛教报应观的另一个作用:它能够把不合理的社会现象解释得合情合理——人们贵贱贫富的不同,是各自的"业"造成的。在不平等的社会现象中,又蕴含着平等的因素——各自都要为自己的言行负责。

三、人事报应。

宗教报应思想神秘幽邃,绝非我们这些凡夫俗子所能探根究底。但我们还是相信好有好报、恶有恶报,只不过这种报应是体现在人事方面而已。我们就以商鞅等人为例谈谈人事报应。

商鞅本名卫鞅,是卫国公族(卫鞅在秦国立功后,被封在商於这个地方,故又称商鞅)。商鞅在魏国做官期间,结交了一位贵族朋友公子卬,但没有得到魏王的重用,于是他最终又到了秦国。商鞅在秦孝公的支持下,开始变法。他在秦国做了许多事情,我们根据《史记·商君列传》记载,只介绍其中三件受到报应的事情。

第一件事情,惩罚太子:"令行于民期年,秦民之国都言初令之不便者以千数。于是太子犯法。卫鞅曰:'法之不行,自上犯之。'将法太子。太子,君嗣也,不可施刑。刑其傅公子虔,黥其师公孙贾。明日,秦人皆趋令。"商鞅刚刚变法时,遇到很大阻力,更棘手的是秦国太子也违反了法令。为了顺利推行新法,商鞅虽然无法直接治太子的罪,但惩罚了太子的两位老师——公子虔后来被割了鼻子(劓刑),公孙贾的脸上被刻上了字(黥刑)。

第二件事情,商鞅掌权之后,规定秦人外出住店,必需证件:"商君之法,舍人无验者坐之。"如无证件而住店,连同店主人一起惩罚。

　　第三件事情，欺骗好友公子卬："卫鞅将而伐魏，魏使公子卬将而击之。军既相距，卫鞅遗魏将公子卬书曰：'吾始与公子欢，今俱为两国将，不忍相攻，可与公子面相见，盟，乐饮而罢兵，以安秦、魏。'魏公子卬以为然。会盟已，饮，而卫鞅伏甲士而袭虏魏公子卬。因攻其军，尽破之以归秦。魏惠王兵数破于齐、秦，国内空，日以削，恐，乃使割河西之地献于秦以和。而魏遂去安邑（在今山西夏县），徙都大梁（在今河南开封）。""兵不厌诈"这条原则是正确的，作为敌人，无论如何欺骗对方，都可以理解。但商鞅是盗用"友谊"，以朋友的身份去欺骗公子卬，此举的确让人不太容易接受："传曰：不仁之至忽其亲，不忠之至倍其君，不信之至欺其友。此三者，圣王之所杀而不赦也。"（《韩诗外传》卷一）商鞅在定盟的宴会上扣下朋友公子卬，袭击毫无防备的魏军，使魏国遭受了巨大打击，不得不割地迁都。

　　后来这三件事情一一都得到了报应。

　　《史记·商君列传》记载："秦孝公卒，太子立。公子虔之徒告商君欲反，发吏捕商君。"秦孝公去世后，太子即位，即秦惠王。被商鞅伤害过的秦惠王、公子虔开始联合起来，反过来伤害商鞅了。商鞅得知消息后，就乘车外逃。

　　　　商君亡至关下，欲舍客舍。客人不知其是商君也，曰："商君之法，舍人无验者坐之。"商君喟然叹曰："嗟乎，为法之敝一至此哉！"

　　当商鞅人困马乏、准备住店的时候，店主人以商鞅没有证件为由拒绝他住店，商鞅此时已经深切地感受到自己已经陷入自己所编织的法网之中。然而更为可悲的是：

　　　　去之魏，魏人怨其欺公子卬而破魏师，弗受。商君欲之他国，魏人曰："商君，秦之贼。秦强而贼入魏，弗归，不可。"遂内秦。商君既复入秦，走商邑，与其徒属发邑兵北出击郑。秦发兵攻商君，杀之于郑黾池。秦惠王车裂商君以徇，曰："莫如商鞅反者！"遂灭商君之家。

　　商鞅已经逃到魏国边境，只要魏国人打开关门，商鞅就能安然无恙。然而魏人对这个出卖朋友的人恨之入骨，不仅不让他过关，而且还不许他逃往他国，直接出兵把他赶回秦国。商鞅走投无路，最后受到车裂、灭族的惩罚。

　　以上事例可见商鞅不顾情理，一味唯利是图，不仅把自己及全家一步步送上了断头台，而且也为其后秦国的衰败埋下了伏笔，苏东坡曾经评论说："秦之所以见疾于民，如豺虎毒药，一夫作难而子孙无遗种，则鞅实使之。"（苏轼《东坡志林》卷五）从这个角度来看，商鞅更是败坏社会风气、促使人们重权诈、轻道义的罪人。

　　在中国历史上，还有一件更为典型的因果报应的实例，这件事情发生在唐朝。《新唐书·酷吏列传》记载：

　　　　兴（指酷吏周兴），少习法律，自尚书史积迁秋官侍郎，屡决制狱，文深峭，妄杀数千人。……天授中，人告子珣、兴与丘神勣谋反，诏来俊臣鞫状。初，兴未知被告，方对俊臣食，俊臣曰："囚多不服，奈何？"兴曰："易耳，内之大瓮，炽炭周之，何事不承。"俊臣曰："善。"命取瓮且炽火，徐谓兴曰："有诏按君，请尝之。"兴骇汗，叩头服罪。诏诛神勣而宥兴岭表，在道为仇人所杀。

　　周兴是唐朝著名的酷吏，制造了大量冤案，最后有人告发周兴谋反，武则天就派另一个酷吏来俊臣审理。来俊臣宴请周兴，对周兴说："最近有很多囚犯不肯认罪，不知您有什么方法让他们认罪？"周兴回答说："要想让囚犯认罪很容易，把他们塞进大缸里，然后在大缸四周燃起炭火，那时候不管什么样的罪他们都会承认的。"于是来俊臣就让属下取来大缸，架上炭火，然后对周兴说："皇上命令我审问你，请你进入大缸吧！"周兴知道万万不可进入此缸，惊恐得浑身冒汗，马上叩头认罪。这就是"请君入瓮"这一成语的出处。更具讽刺意味的是，周兴"断死，放流岭南。所破人家流者甚多，为仇家所杀"（《朝野佥载》卷六）。周兴掌权之时，制造的冤案很多，被他害得家破人亡、被流放的人很多。当周兴被流放到岭南时,在途中就被仇家杀死了。同样制造了大量冤案的来俊臣的下场比周兴更为悲惨:"有诏斩于西市,年四十七,人皆相庆,曰:'今得背着床瞑矣!'争抉目、擿肝、醢其肉,须臾尽,以马践其骨,无孑余,家属籍没。"(《新唐书·酷吏列传》)来俊臣被杀后,人们争相挖其眼,摘其肝,碎其肉,马踏其骨,连个尸首也没有留下来。

　　无数的历史事实告诉我们,无论是为人还是为己,都要做一个仁爱、宽容的好人。

报国章第十七

【题解】

报国,报效国家。本章与《孝经·事君章第十七》相对应。报国,实际也即《孝经》说的"事君"。本章指出,报效国家的途径主要有为国家举荐贤才、贡献谋略、建立功业、增加财富四种途径,希望大臣们都能够为此而努力,以报答君主的恩德。

为人臣者^①,官于君^②,先后光庆^③,皆君之德。不思报国,岂忠也哉？君子有无禄而益君^④,无有禄而已者也^⑤。报国之道有四:一曰贡贤^⑥,二曰献猷^⑦,三曰立功,四曰兴利^⑧。贤者,国之干^⑨;猷者,国之规^⑩;功者,国之将^⑪;利者,国之用。是皆报国之道^⑫,惟其能而行之^⑬。《诗》云:"无言不酬,无德不报^⑭。"况忠臣之于国乎！

【注释】

①人臣:即大臣、臣下。

②官于君:在君主那里做官。官,用作动词。做官。

③先后光庆:既为祖先带来了荣耀,也为后代留下了福荫。先,祖

先。后，后代。光，光荣，荣耀。庆，吉庆，福祉。

④君子有无禄而益君：君子在没有得到君主俸禄的情况下，还要做对君主有益的事情。益，利于，有益于。

⑤无有禄而已者也：不会在获取君主俸禄的情况下，而不去为君主尽忠。已，停止。指停止为君主服务、尽忠的行为。

⑥贡贤：举荐贤人。贡，献上，举荐。关于贡贤，见"解读一"。

⑦献猷（yóu）：献计献策。猷，计谋，谋略。

⑧兴利：增加财富。兴，兴起，增加。

⑨国之干：是治理国家的主要力量。干，主体，主要力量。

⑩国之规：是治国的规则、法度。

⑪国之将：是国家强盛的保证。将，强壮，强盛。《诗经·小雅·北山》："嘉我未老，鲜我方将。"朱熹《诗集传》："将，壮也。"

⑫是：代词。代指上文提到的四种报国之道。

⑬惟其能而行之：希望为官者都能够做到。惟，句首语气词，表示希望。其，代指臣下。

⑭无言不酬，无德不报：没有任何一句话而得不到回应，没有任何一种恩德而得不到回报。酬，回报。这两句诗出自《诗经·大雅·抑》，本章引用这两句诗的目的是提醒官员要报答君主的重用之恩。关于报答君主恩德的事例，见"解读二"。

【译文】

做臣下的人，在君主那里做官，既为先祖带来了荣耀，也为后人留下了福荫，这一切都是来自君主的恩赐。臣下如果还不考虑报效国家，这难道算是忠于君主吗？作为君子，在没有得到君主俸禄的情况下尚且还要做对君主有益的事情，根本就不会在获取君主俸禄的情况下而不去为君主尽忠。报效国家的途径主要有四种：第一种是为国家举荐贤才，第二种是为国家贡献谋略，第三种是为国家建立功业，第四种是为国家增加财富。贤才，是治理国家的主要力量；谋略，是治理国家的方略规划；

功业,是维持国家强盛的基本保证;财富,可以满足国家的各项费用。这四种行为都是报效国家的途径,希望为官的人都能够积极参与这些行动。《诗经·大雅·抑》说:"没有任何一句话而得不到回应,没有任何一种恩德而得不到回报。"更何况是忠臣对于国家的报答啊!

【解读】

一

在臣下报答君主恩德的四种方式中,"贡贤"被摆在第一位,由此可见"贡贤"的重要性。《抱朴子外篇·审举》说:"古者诸侯贡士,适者谓之有功,有功者增班进爵;贡士不适者谓之有过,有过者黜位削地。"选拔人才不仅是君主的首务,也是诸侯义不容辞的责任,而且还把是否能够举荐真正的贤人,当作对诸侯政绩考核的重要标准之一。关于臣下举荐贤人的故事,在中国历史上数不胜数,我们仅举一例。《韩诗外传》卷二记载:

> 楚庄王听朝罢晏。樊姬下堂而迎之,曰:"何罢之晏也?得无饥倦乎?"庄王曰:"今日听忠贤之言,不知饥倦也。"樊姬曰:"王之所谓忠贤者,诸侯之客欤?国中之士欤?"庄王曰:"则沈令尹也!"樊姬掩口而笑。庄王曰:"姬之所笑者,何等也?"姬曰:"妾得侍于王,尚汤沐,执巾栉,振衽席,十有一年矣。然妾未尝不遣人之梁、郑之间,求美女而进之于王也。与妾同列者十人,贤于妾者二人。妾岂不欲擅王之爱、专王之宠哉?不敢以私愿蔽众美也,欲王之多见,则知人能也。今沈令尹相楚数年矣,未尝见进贤而退不肖也,又焉得为忠贤乎!"庄王旦朝,以樊姬之言告沈令尹,令尹避席而进孙叔敖。叔敖治楚三年,而楚国霸。楚史援笔而书之于策,曰:"楚之霸,樊姬之力也。"

有一次,楚庄王很晚才退朝,夫人樊姬赶忙下堂迎接,说:"您今天退朝怎么这样晚啊?一定是又饿又累了吧?"庄王回答说:"今天听忠贤之臣的言论,我就忘了饥饿与疲劳了。"樊姬问:"大王所说的忠贤之臣,是从其他诸侯国来的客人呢？还是咱们楚国的贤人呢？"庄王说："是咱们楚国的沈令尹（令尹是楚国官名，相当于宰相）！"樊姬听后就捂着嘴巴笑了。庄王问："你笑什么呢？"樊姬说："我有幸能够侍奉大王，负责您的沐浴梳洗、摊床叠被之事，已经整整十一年了。然而我还是经常派人到梁国、郑国等地，去寻找美女而献给大王。现在与我一样的美女就有十人，贤于我的美女有两人。我难道不希望大王您只爱我一人吗？我之所以不敢因为个人的愿望而阻拦其他美女的原因，就是希望大王能够博闻多识，以了解别人的长处。如今沈令尹在楚国当了多年的令尹了，却从未看到他举荐贤人而排除不贤之人，这哪里算得上是忠贤之臣呢！"楚庄王第二天上朝时，就把樊姬的话告诉了沈令尹，于是沈令尹就举荐了贤人孙叔敖。孙叔敖治理楚国仅仅三年时间，楚国就成就了霸业。于是楚国的史官就拿起笔，在史书上写道："楚国之所以能够成就霸业，靠的是樊姬的力量啊。"

这个故事告诉我们，就连一位足不出户的女子都知道，人才问题是国家盛衰的首要问题，因此，能否举荐贤人，是衡量一位臣子是否忠于君主的重要标准之一，也是臣下报答君主恩德的途径之一。

二

关于臣下对君主的报答，除了上述举贤之外，方式还很多。在先秦，报答君主恩德的最典型例子当属豫让对智伯的报答。这一事件不仅悲壮惨烈，被包括《战国策》《史记》在内的多家史书录入，而且还为我们留下了耳熟能详的名句："士为知己者死，女为悦己者容。"《史记·刺客列传》记载：

> 豫让者，晋人也，故尝事范氏及中行氏，而无所知名。去而事智伯，智伯甚尊宠之。及智伯伐赵襄子，赵襄子与韩、魏合谋灭智伯，灭智伯之后而三分其地。赵襄子最怨智伯，漆其头以为饮器。豫让遁逃山中，曰："嗟乎！士为知己者死，女为说己者容。今智伯知我，我必为报仇而死，以报智伯，则吾魂魄不愧矣。"乃变名姓为刑人，

入宫涂厕,中挟匕首,欲以刺襄子。襄子如厕,心动,执问涂厕之刑人,则豫让,内持刀兵,曰:"欲为智伯报仇!"左右欲诛之。襄子曰:"彼义人也,吾谨避之耳。且智伯亡无后,而其臣欲为报仇,此天下之贤人也。"卒释去之。

居顷之,豫让又漆身为厉,吞炭为哑,使形状不可知,行乞于市。其妻不识也。行见其友,其友识之,曰:"汝非豫让邪?"曰:"我是也。"其友为泣曰:"以子之才,委质而臣事襄子,襄子必近幸子。近幸子,乃为所欲,顾不易邪?何乃残身苦形,欲以求报襄子,不亦难乎!"豫让曰:"既已委质臣事人,而求杀之,是怀二心以事其君也。且吾所为者极难耳!然所以为此者,将以愧天下后世之为人臣怀二心以事其君者也。"

既去,顷之,襄子当出,豫让伏于所当过之桥下。襄子至桥,马惊,襄子曰:"此必是豫让也。"使人问之,果豫让也,于是襄子乃数豫让曰:"子不尝事范、中行氏乎?智伯尽灭之,而子不为报仇,而反委质臣于智伯。智伯亦已死矣,而子独何以为之报仇之深也?"豫让曰:"臣事范、中行氏,范、中行氏皆众人遇我,我故众人报之。至于智伯,国士遇我,我故国士报之。"襄子喟然叹息而泣曰:"嗟乎豫子!子之为智伯,名既成矣,而寡人赦子,亦已足矣。子其自为计,寡人不复释子!"使兵围之。

豫让曰:"臣闻明主不掩人之美,而忠臣有死名之义。前君已宽赦臣,天下莫不称君之贤。今日之事,臣固伏诛,然愿请君之衣而击之焉,以致报仇之意,则虽死不恨。非所敢望也,敢布腹心!"于是襄子大义之,乃使使持衣与豫让。豫让拔剑三跃而击之,曰:"吾可以下报智伯矣!"遂伏剑自杀。死之日,赵国志士闻之,皆为涕泣。

豫让本是春秋晚期晋国人,原来曾在晋国贵族范氏和中行氏那里为官,但不为世人所知。后来他离开范氏和中行氏,去投奔另一位大贵族智伯,智伯非常重视他。后来智伯率兵去攻伐晋国另一贵族赵襄子,赵襄子和韩氏、魏氏合谋灭掉了智伯，瓜分了智伯的领地。赵襄子特别怨恨智伯，就把智伯的头骨漆做饮酒的器具。豫让逃进深山，叹道："唉！士人要为理解自己的人而献身，女子要为喜欢自己的人而打扮。智伯对我的恩情如此深厚，我一定要为他报仇而死，以报答智伯，这样我死而无憾了。"于是他便改名换姓，装扮为刑徒，混入赵襄子的宫里涂刷厕所，怀里藏着匕首，计划刺杀襄子。襄子上厕所时，心里突然悸动，就把涂刷厕所的刑徒抓来审问，果然是豫让。豫让说："我要为智伯报仇！"襄子的侍从要杀了他。襄子说："豫让是一位讲义气的人，我以后小心防备就是了。智伯死了连后代也没有，而豫让还要决心替他报仇，豫让也是一位贤士啊。"于是就把豫让释放了。

不久之后，豫让又用漆涂身，让全身长疮，吞火炭毁掉嗓音，目的是让别人无法认出自己。他在街上行乞时，连他的妻子也认不出来。后来遇到他的朋友，朋友认出了他，说："你不是豫让吗？"豫让说："我是。"朋友流着泪说："凭你的才能，去委身事奉襄子，襄子一定会亲近你。那时你就可以刺杀他，这不是更容易报仇吗？何必摧残自己身体，用这种办法去报仇，不是很难成功吗！"豫让说："如果委身事奉襄子，然后再去谋害他，这就是怀着二心去事奉主人。我之所以做如此艰难的事情，目的就是要让后世那些怀着二心去侍奉君主的人感到惭愧。"

不久，襄子外出，豫让就事先埋伏在襄子要经过的桥下。襄子走到桥上，马突然受惊，襄子说："让马受惊的这个人肯定又是豫让。"派人去查，果然又是豫让。于是襄子斥责豫让说："你不是还侍奉过范氏和中行氏吗？智伯把他俩都灭了，而你不替他们报仇，却反而委身臣事智伯；智伯如今已经死了，你为什么单单要如此执着地为智伯报仇呢？"豫让说："我侍奉范氏、中行氏，范氏、中行氏都把我当作普通人看待，我因此也就用普通人的方式去回报他们。而智伯把我当作国士看待，因此我就要用国士的方式去报答他。"赵襄子叹着气、流着泪说："唉！豫先生，你如此为智伯报仇，已经成名了，而我对你的宽恕程度也足够了！你自己想想最后还有什么要求,我不会再放过你了!"于是就命令卫兵包围豫让。

　　豫让说:"我听说贤良的君主不会埋没别人的美德,忠臣一定要为自己名节而死。上次你已经宽恕我了,天下人都称赞你的贤明。今天我应该被你杀死,但我希望能够在死前,讨得你的衣服而对它进行击打,以表达我的报仇心愿,那么我就死而无憾了。我不敢奢望你一定会同意我的请求,只是想冒昧地表达一下我的心愿而已!"赵襄子大受感动,就派人把自己的衣服送给豫让,豫让拔出刀剑,多次跳起来击斩衣服,然后说:"我可以到九泉之下去向智伯汇报了。"豫让说完引剑自杀。豫让自杀那天,赵国的仁人志士听说这件事后,都为他流下了感动的眼泪。

尽忠章第十八

【题解】

　　尽忠，指尽忠于君主。本章与《孝经·丧亲章第十八》相对应，主要是总结君子、百姓各自尽忠于君主的内容，特别强调君子尽忠的重要性，认为如果君子能够尽忠，那么天下就会是一片祥和景象，各种美好的事业就会被载入史册，永远流传下去。

　　天下尽忠，淳化行也①。君子尽忠②，则尽其心；小人尽忠，则尽其力③。尽力者，则止其身；尽心者，则洪于远④。故明王之理也⑤，务在任贤⑥，贤臣尽忠，则君德广矣。政教以之而美⑦，礼乐以之而兴，刑罚以之而清⑧，仁惠以之而布。四海之内，有太平音⑨。嘉祥既成⑩，告于上下⑪，是故播于《雅》《颂》⑫，传于无穷。

【注释】

①淳（chún）化行也：淳厚的美德教化就能够推行开去。

②君子：这里指地位较高，有文化的贵族、士人。在先秦、两汉的典籍中，"君子"与"小人"的含义均有两种，"君子"有时指品德高

尚的人,有时指地位高贵的人;"小人"有时指品德低下的人,有时指地位低下的普通民众。其具体含义,要根据上下文决定。这里的"君子"指"劳心"的贵族、士人。

③小人尽忠,则尽其力:普通民众尽忠于君主,则主要是献出自己的体力。小人,指"劳力"的下层民众,如农夫、士卒等。

④洪于远:其贡献之大可以影响到遥远的未来。洪,大。

⑤理:治理。具体指治理国家。

⑥务:致力于,努力。

⑦政教以之而美:政治、教化就能够因此而变得美好。以之,因此。以,因。之,代指明王任贤、贤臣尽忠。

⑧清:清明公正。一说是清除的意思。也即在美好的社会里,不再使用刑罚。

⑨有太平音:出现歌颂国家安定祥和的歌声。音,音乐,歌声。关于"太平音",详见"解读"。

⑩嘉祥既成:各种美好吉祥的事业获得成功以后。嘉,美好。既,已经,完成。

⑪告于上下:禀告于天地之神。上,这里具体指天神。下,这里具体指地神。郑玄《忠经注》:"君臣之始于政能,著于群瑞,故其成功可以告于神明也。"

⑫是故播于《雅》《颂》:因此就能够载入《雅》《颂》之类的典籍中而传播开去。播,传播。《诗经》共分《国风》《雅》《颂》三个部分。《国风》收集的主要是各地民歌,反映了民间的生活及情感。《雅》分为《大雅》《小雅》,《大雅》多为西周初年的作品,反映了当时的重大历史事件与政治措施。《小雅》收入的诗歌多为西周后期及东周初期贵族宴饮的乐歌。《颂》分《周颂》《鲁颂》《商颂》,主要是王室宗庙祭祀或举行重大典礼时演唱的乐歌。

【译文】

如果天下臣民都能够尽忠于君主,那么淳厚的美德教化就可以得到顺利推行。有地位、有文化的君子尽忠于君主,主要是竭尽所能地为国家操心;地位低、文化少的普通民众尽忠于君主,主要是竭尽所能地为国家出力。为国家出力的普通民众,其贡献只能局限于自身;而为国家操心的君子,他们的贡献之大可以影响到遥远的未来。因此圣明君主在治理国家的时候,一定要想尽一切办法去选用贤人,贤臣们如果能够尽忠于君主,那么君主的美德就可以得到发扬光大。国家的政治与教化就会因此而变得美好,礼乐制度也就会因此而推广开去,刑罚的使用更会因此而变得清平公正,君主的恩惠自然会因此而普施于整个天下。那么四海之内,就会响起颂扬国家太平安定的音乐、歌谣。等到各种美好吉祥的事业获得成功以后,就把这些成功禀告于天地之神,因此这些成功也就能够载入《雅》《颂》这样的典籍里,永远流传下去。

【解读】

古人认为,由于社会生活环境的不同,民众会唱起不同声调、不同内容的歌谣。《礼记·乐记》记载:

> 凡音之起,由人心生也。人心之动,物使之然也,感于物而动,故形于声。……凡音者,生人心者也。情动于中,故形于声,声成文,谓之音。是故治世之音安以乐,其政和;乱世之音怨以怒,其政乖;亡国之音哀以思,其民困。声音之道,与政通矣。

《礼记》认为,歌声反映的是人们内心的最真实感受,而内心的感受则来自外界事务的触动,于是不同的境况就会促使人们发出不同的声音,对这些声音加以适当修饰,就是音乐。因此,安定祥和的社会,其音乐安静而愉悦,反映的是和美的政治;动荡混乱的社会,其音乐怨恨而愤怒,反映的是暴戾的政治;快要灭亡的国家,其音乐悲哀而惆怅,反映的是百姓的苦难生活。因此,音乐的声调与内容,与政治状况是息息相通的。

什么样的环境产生什么样的音乐,这一点很好理解;另一方面,同样一首音乐,不同的心情,也会听出不同的味道,就像杜甫说的那样:"感时花溅泪,恨别鸟惊心。"(《春望》)我们就举一首非常著名的民歌《敕勒歌》为例。关于这首民歌的出处,《乐府诗集·敕勒歌》题解云:"《乐府广题》曰:'北齐神武攻周玉壁,士卒死者十四五,神武恚愤疾发,周王下令曰:高欢鼠子,亲犯玉壁。剑弩一发,元凶自毙。神武闻之,勉坐以安士众。悉引诸贵,使斛律金唱《敕勒》,神武自和之。'其歌本鲜卑语,易为齐言,故其句长短不齐。"歌词曰:

　　　敕勒川,阴山下。天似穹庐,笼盖四野。天苍苍,野茫茫,风吹草低见牛羊。

　　史载东魏权臣高欢率兵十万进攻西魏的军事重镇玉壁(在今山西稷山西南),结果大败,损兵七万,在返回晋阳(在今山西太原)途中,军中谣传高欢中箭将亡,高欢为了安定军心,便带病强自设宴面见大臣。在这次宴会上,他命部将斛律金唱《敕勒歌》。这首歌本来是描述家乡草原的壮丽景象,结果将士们却听得"哀感流涕"(《北齐书·神武帝纪下》)。由于恶劣的环境,使人们在欢快的民歌中感受到的却是悲哀之情。这就是社会环境对音乐作用的影响。

中华经典名著
全本全注全译丛书
（已出书目）

周易	晏子春秋
尚书	穆天子传
诗经	战国策
周礼	史记
仪礼	吴越春秋
礼记	越绝书
左传	华阳国志
韩诗外传	水经注
春秋公羊传	洛阳伽蓝记
春秋穀梁传	大唐西域记
孝经·忠经	史通
论语·大学·中庸	贞观政要
尔雅	营造法式
孟子	东京梦华录
春秋繁露	唐才子传
说文解字	大明律
释名	廉吏传
国语	徐霞客游记

读通鉴论

宋论

文史通义

老子

道德经

帛书老子

鹖冠子

黄帝四经·关尹子·尸子

孙子兵法

墨子

管子

孔子家语

曾子·子思子·孔丛子

吴子·司马法

商君书

慎子·太白阴经

列子

鬼谷子

庄子

公孙龙子(外三种)

荀子

六韬

吕氏春秋

韩非子

山海经

黄帝内经

素书

新书

淮南子

九章算术(附海岛算经)

新序

说苑

列仙传

盐铁论

法言

方言

白虎通义

论衡

潜夫论

政论·昌言

风俗通义

申鉴·中论

太平经

伤寒论

周易参同契

人物志

博物志

抱朴子内篇

抱朴子外篇

西京杂记

神仙传

搜神记

拾遗记

世说新语

弘明集

齐民要术

刘子

颜氏家训

中说

群书治要

帝范·臣轨·庭训格言

坛经

大慈恩寺三藏法师传

长短经

蒙求·童蒙须知

茶经·续茶经

玄怪录·续玄怪录

酉阳杂俎

历代名画记

唐摭言

化书·无能子

梦溪笔谈

东坡志林

唐语林

北山酒经（外二种）

折狱龟鉴

容斋随笔

近思录

洗冤集录

传习录

焚书

菜根谭

增广贤文

呻吟语

了凡四训

龙文鞭影

长物志

智囊全集

天工开物

溪山琴况·琴声十六法

温疫论

明夷待访录·破邪论

陶庵梦忆

西湖梦寻

虞初新志

幼学琼林

笠翁对韵

声律启蒙

老老恒言

随园食单

阅微草堂笔记

格言联璧

曾国藩家书

曾国藩家训

劝学篇

楚辞

文心雕龙

文选

玉台新咏

二十四诗品·续诗品

词品

闲情偶寄

古文观止

聊斋志异

唐宋八大家文钞

浮生六记

三字经·百家姓·千字
　文·弟子规·千家诗

经史百家杂钞